kailash

Stefanie Stahl · Christian Bernreiter

So bin ich eben! im Job

Typengerecht arbeiten im Team: der Schlüssel für Erfolg im Beruf

Mit Persönlichkeitstest

kailash

Sollte diese Publikation Links auf Webseiten Dritter enthalten, so übernehmen wir für deren Inhalte keine Haftung, da wir uns diese nicht zu eigen machen, sondern lediglich auf deren Stand zum Zeitpunkt der Erstveröffentlichung verweisen.

MIX
Papier aus verantwortungsvollen Quellen
FSC® C014496

Verlagsgruppe Random House FSC® N001967

1. Auflage
Originalausgabe

in der Verlagsgruppe Random House GmbH
Neumarkter Str. 28, 81673 München
Lektorat: Petra Kunze
Satz: Satzwerk Huber, Germering
Umschlaggestaltung: Daniela Hofner, ki 36 Editorial Design, München
Autorenfotos: Roswitha Kaster (Stefanie Stahl), privat (Christian Bernreiter)
Illustrationen im Innenteil und auf den Innenklappen:
Reimo Schaupp, un-cover-Agentur
Druck und Bindung: GGP Media GmbH, Pößneck
Printed in Germany
ISBN 978-3-424-63199-9
www.kailash-verlag.de

Für Maria und Ferdinand Bernreiter

»Die Unterschiede als Gleichheit zu betrachten,
das ist wahre Größe.«
Laotse

Inhalt

Liebe Leserinnen und Leser!

Jeder Mensch ist anders – und das ist auch gut so! Denn dadurch kommt es immer wieder zu interessanten menschlichen Begegnungen und persönlicher wie beruflicher Weiterentwicklung. Wer am richtigen (Arbeits-)Platz sitzt, wird zufrieden sein. Und ein Unternehmen, das erfolgreich sein will, wird seine Teams nicht mit lauter »Gleichen« zusammenstellen, sondern so, dass sich die Teammitglieder gegenseitig ergänzen und inspirieren. Egal, auf welcher Ebene der Hierarchie, egal, ob aus Sicht des Einzelnen oder des Unternehmens: Es geht darum, dass Menschen die zu ihnen passende Arbeit finden und in eine Position oder in ein Arbeitsumfeld kommen, wo sie ihre Fähigkeiten optimal entfalten können.

Wie das gelingen kann, zeigt dieses Buch anhand der Typenlehre, über die ich, Stefanie Stahl, schon 2005 mit meiner damaligen Koautorin Melanie Alt das Buch *So bin ich eben!* geschrieben habe. Bereits 2016 komplett überarbeitet erscheint es nun parallel zu diesem Buch in einer nochmals überarbeiteten Neuausgabe bei Kailash. Hierin wird die in Deutschland noch relativ unbekannte Typenlehre vorgestellt, der Myers-Briggs-Typenindikator (kurz MBTI), der auf Carl Gustav Jung sowie Isabel Myers und Katharine Cook Briggs zurückgeht. Dieses hervorragende Instrument zur Bestimmung von 16 verschiedenen Persönlichkeitstypen haben Melanie Alt und ich in *So bin ich eben!* auf unterschiedliche Lebensbereiche angewendet, beispielsweise auf Liebe, Freundschaft und Elternschaft. Nach wie vor bin ich von der Treffsicherheit und dem Tiefgang der Typenlehre begeistert.

Im Sommer 2016 sprach mich ein sehr sympathischer Herr auf einem meiner Seminare an und erklärte sich zum Fan von *So bin ich eben!*. Er fragte, ob es nicht eine gute Idee sei, ein entsprechendes Buch speziell für den Arbeitsbereich zu schreiben. Da die Typenlehre in Deutschland schon seit vielen Jahren erfolgreich in der Arbeitswelt eingesetzt wird, war ich für diese Idee sehr aufgeschlossen. Insbesondere auch deshalb, weil es sehr wenig deutschsprachige Literatur hierzu gibt. Allerdings benötigte ich für dieses Buch einen Koautor, der sich besonders gut in der Arbeitswelt, im Firmen- und Managementumfeld auskennt. So ist der sympathische Herr inzwischen nicht nur ein guter Freund geworden, sondern auch mein Koautor für *So bin ich eben! im Job*.

Als Managementberater und systemischer Coach bin ich, Christian Bernreiter, seit 2004 mit dem Myers-Briggs-Typenindikator (MBTI) zertifiziert. Seither arbeite ich mit diesem System in Teamentwicklungen, Coachings und Beratungen sowohl in Wirtschaftsunternehmen als auch in sozialen Einrichtungen und staatlichen Organisationen. Ich habe dabei oft erlebt, wie Aha-Erlebnisse ausgelöst, Entwicklungen angestoßen, Wachstum ermöglicht und Erfolg anregt wurden.

In diesem gemeinsamen Buch wollen wir mit Hilfe der Typenlehre einen umfangreichen Blick in die Arbeitswelt werfen und zeigen, wie jeder Einzelne von diesem Verfahren profitieren kann, ob als Selbstständige, Mitarbeiter oder Mitglied eines Projektteams, ob als Führungskraft, Manager oder Unternehmerin. Sie werden nicht nur erfahren, welche Arbeitszusammenhänge für Sie persönlich günstig sind, sondern auch, wie Ihre Kolleginnen und Kollegen »ticken«, wie Sie ein Team am besten zusammenstellen und welche Mitarbeiterinnen und Mitarbeiter wo am richtigen Platz sind. So kann sich jeder mit seinen besonderen Fähigkeiten beruflich einbringen – und auf der anderen Seite profitiert das Unternehmen von den Kompetenzen und der Zufriedenheit des Einzelnen.

Erkennen Sie sich selbst und andere! Wir wünschen Ihnen dabei viel Spaß und Erfolg!

Stefanie Stahl — Christian Bernreiter

Die Typenlehre im Job

Unzählige Stunden und mehrere Jahrzehnte verbringt jeder von uns im Beruf. Umso wichtiger ist es, dass wir eine Arbeit ausüben, die uns entspricht, die uns fordert, ohne zu überfordern, und die uns Freude macht. Das kann in allen möglichen Positionen der Fall sein, ob Kollegin in einem größeren Team, auf der unteren, mittleren oder oberen Führungsebene, als Unternehmer oder Freiberuflerin. Wir alle wünschen uns einen Arbeitsplatz, an dem wir gern sind, wertgeschätzt werden und unsere Fähigkeiten und Talente gefragt sind.

Damit wir uns im Job wohlfühlen, müssen viele Faktoren erfüllt sein. In erster Linie muss jeder wissen, welche Arbeit und welche Arbeitsbedingungen ihn zufrieden machen. Und das ist weniger selbstverständlich, als es sich anhört. Denn nicht selten arbeitet jemand jahrelang mit netten Kolleginnen und Kollegen zusammen und ist doch nicht wirklich zufrieden – weil er einfach kein Teamplayer ist. Oder eine andere setzt schon ihr drittes Geschäft in den Sand – weil sie dafür nicht geeignet ist.

Den meisten Menschen ist nicht bewusst, wie groß der Einfluss genetischer, also angeborener Eigenschaften auf ihr Wesen, ihren Charakter ist. Auch wenn jeder die Möglichkeit hat, sich zu bilden und seine Persönlichkeit weiterzuentwickeln, so gibt es doch Merkmale, die ihn prägen und die sich nicht einfach umkrempeln lassen. Am Beispiel von Introversion und Extraversion leuchtet das jedem unmittelbar ein. Ein introvertierter Mensch wird sich nicht wohlfühlen, wenn er in einem lauten Fünferbüro arbeiten muss. Umgekehrt wird ein extravertierter Mensch verkommen, wenn er seine Arbeit allein im stillen Kämmerlein verrichten soll. Zwar kann jeder alle möglichen Kompetenzen erwerben, die er als Teamplayer oder Führungskraft braucht, um erfolgreich zu arbeiten. Aber dadurch wird sich seine grundlegende Veranlagung nicht verändern, nur sein Spektrum erweitern. Anders gesagt: Aus einem Extravertierten wird garantiert kein Introvertierter – und umgekehrt.

Deshalb hilft es, sich genauer mit den angeborenen Eigenschaften zu beschäftigen, und zwar nicht nur bei sich, sondern auch bei den anderen. Für dieses Buch haben wir die Typenlehre noch einmal weiterentwickelt und speziell auf die Arbeitswelt zugeschnitten. Das Testverfahren hilft dabei, den Jobtyp genauer zu bestimmen, der dann bei den 16 unterschiedlichen Ministern im Job (selbstverständlich immer auch Ministerinnen!) ausführlich beschrieben wird. Warum »Minister«? Der Ministertitel ist zum einen witzig und aufwertend gemeint, kennzeichnet aber auch, dass wir letztlich alle Persönlichkeitstypen benötigen, um als Arbeitsgemeinschaft zu funktionieren. Alle Minister zusammen bilden nämlich das »Kabinett«, also das gesamte Spektrum menschlicher Vielfalt und somit auch menschlicher Stärken ab. Die einzelnen Typisierungen können zwar nicht die ganze Persönlichkeit eines Menschen abdecken, geben aber Auskunft über wichtige Wesensmerkmale. Dadurch lässt sich einiges über berufliche Vorlieben, Arbeitsstil und die Beziehung zu Kolleginnen und Kollegen sagen. Außerdem lassen sich konkrete Ratschläge für den Umgang mit jedem Minister formulieren, was gerade dann hilfreich ist, wenn jemand ganz anders tickt als man selbst. Auch wenn Sie noch skeptisch sind und Ihnen das alles »spanisch« vorkommt, werden Sie sehen, dass die Typenlehre Ihnen ein besseres Verständnis für sich und andere vermittelt und zudem hochinteressant und psychologisch fundiert ist – und auch noch Spaß macht!

Jeder nach seiner Fasson

Welche Tätigkeit entspricht Ihrem Typ? Einzelspieler oder Teamplayer? Manager oder Angestellter? Chef oder Mitarbeiter? Selbstständiger oder Beamter? Die folgenden Kapitel helfen Ihnen, das und noch viel mehr herauszufinden. Wenn Sie sich mit den genetisch bedingten Eigenschaften, die Ihr Wesen bestimmen, beschäftigen, führt dies nicht nur zu einer besseren Kenntnis Ihrer eigenen Persönlichkeit, sondern auch der Ihrer Mitmenschen. Das macht Sie verständnisvoller, toleranter, und es verbessert die Zusammenarbeit mit anderen. Die Selbsterkenntnis lässt uns unsere Talente und Kompetenzen ebenso wie die Grenzen unserer Möglichkeiten erkennen und unsere Fähigkeiten so einsetzen, dass sie für uns selbst, unser Team und unseren Arbeitgeber oder Auftraggeber von Vorteil sind. Erkennen wir zudem auch die Persönlichkeitsstruktur unseres Kollegen, der Chefin oder des Kunden, können wir diese bei der Kommunikation und der Zusammenarbeit berücksichtigen und wissen, wie wir den anderen zu nehmen haben, damit die gemeinsame Arbeit nicht von falschen Erwartungen belastet, sondern von Erfolg gekrönt sein wird. Wer nicht nur sagen kann: »So bin ich eben!«, sondern auch: »So ist er, so ist sie eben!«, kann die Andersartigkeit seiner Kollegen und Vorgesetzten akzeptieren und wertschätzen.

Ob wir es wollen oder nicht, begegnen wir an jeder Arbeitsstelle, bei jedem Projekt immer wieder unterschiedlichen Charakteren, mit denen wir auskommen und kooperieren müssen. Automatisch werden wir die vom gleichen Schlag mögen und mit ihnen harmonisch zusammenarbeiten. Mit denen, die anders sind als wir, wird es manchmal schwierig. Oft fehlt uns das Verständnis füreinander, was die gegenseitige Toleranz und Wertschätzung schnell missen lässt. Daraus entstehen nicht selten Konflikte, auch in der Teamarbeit. Mit Hilfe der Typenlehre können wir jedoch vieles über andere erfahren, was uns verständnisvoller, toleranter und auch wertschätzender macht. Denn die Eigenschaften des anderen können sich womöglich so gut mit unseren eigenen ergänzen, dass wir ein äußerst erfolgreiches Gespann bilden.

Unterschiedliche Menschen vereinen

Das Wissen um die Ergänzung unterschiedlicher Typen nutzen auch Personalerinnen und Berater. Sie wollen herauszufinden, in welches Team welcher Persönlichkeitstyp passt, und wissen, dass es ein breites Spektrum von Persönlichkeiten braucht, um qualitätsvolle Arbeit und Höchstleistungen zu erzielen. Entsprechend stellen sie die Arbeitsteams so zusammen, dass sich die Teammitglieder im Idealfall in ihren Kompetenzen nicht nur ergänzen, sondern auch gegenseitig inspirieren. Hierfür ist allerdings die Annahme der Andersartigkeit die Voraussetzung, da sie nur so von allen als Bereicherung und nicht als Bedrohung erlebt wird. Dann geht es nicht mehr um die Frage: »Mag ich den anderen?«, sondern um die Frage: »Komplettiert er oder sie mein Team und macht uns alle dadurch erfolgreicher?« Ein guter Teambilder wird sich die Fragen stellen: Wer ist schon im Team? Sind alle Persönlichkeitstypen abgebildet? Welcher Typ fehlt noch? Wer könnte diese Aufgabe übernehmen?

Persönlichkeitsprofile erstellen

Um die entsprechenden Persönlichkeitsprofile zu erstellen, gilt die Typenlehre international als das erfolgreichste Instrument. Natürlich ist die menschliche Persönlichkeit sehr vielschichtig und wird durch zahlreiche Einflüsse bestimmt, die nicht alle berücksichtigt werden können. Neben den erblichen Anlagen ist jeder Mensch auch stark durch Erziehungseinflüsse geprägt. Dennoch lassen sich mit einigen grundlegenden angeborenen Persönlichkeitsmerkmalen und ihren unterschiedlichen Kombinationen viele Aussagen über das Wesen eines Menschen treffen. Diese Merkmale wurden bereits früh von dem berühmten Schweizer Arzt und Psychoanalytiker Carl Gustav Jung formuliert und durch zwei Amerikanerinnen, Isabel Myers und Katharine Briggs, erweitert. Myers und Briggs entwickelten aus den möglichen Kombinationen dieser Merkmale eine ziemlich geniale Typenlehre, die sich weltweit etabliert hat und unter dem Namen MBTI (Myers-Briggs-Typenindikator) bekannt ist. Diese Typenlehre ist ein hervorragendes Tool zur Erfassung individueller Persönlichkeitsprofile. Deshalb wird sie nicht nur im deutschsprachigen Raum, sondern weltweit zur Teambildung und Potenzialanalyse der Mitarbeiter eingesetzt.

Bereits 2003 haben Stefanie Stahl und Melanie Alt auf Basis dieser Typenlehre ein neues Verfahren entwickelt, das seit dem ersten Erscheinen von »So bin ich eben!« ständig überprüft und verbessert wurde. Der eigens erstellte, wissenschaftlich fundierte Test ermöglicht es jedem Einzelnen, sich selbst und andere besser zu verstehen, geeignete Partner zu finden und auch im Beruf zufriedener und erfolgreicher zu sein. Auch für dieses Buch wurde das Verfahren von uns noch einmal verbessert, erweitert und speziell auf die Bedürfnisse der Arbeitswelt zugeschnitten. So wird typgerechtes Arbeiten der Schlüssel für Erfolg.

Die vier psychologischen Dimensionen

Wie lässt sich ein bestimmter Typ Mensch bestimmen? Um ihn möglichst genau zu erfassen, müssen Wesensmerkmale gefunden werden, die für ihn typisch sind und ihn von den meisten anderen unterscheiden. Gleichzeitig müssen sie wirklich fundamental sein, also von Anfang an vorhanden. Das ist so bei angeborenen Eigenschaften, die in hohem Maße genetisch festgelegt sind, wie etwa das Temperament. Ganz offensichtlich ist es uns zu großen Teilen in die Wiege gelegt, ob wir eher lebhaft oder phlegmatisch sind. Dagegen gibt es Eigenschaften, die stark von der Erziehung geprägt werden.

Dazu zählen etwa Ehrlichkeit, Höflichkeit oder Hilfsbereitschaft. Bei den genetisch bedingten Charakterzügen bleibt nicht viel Raum für »Umerziehung«, dafür aber ein großes Lernfeld für Akzeptanz und Respekt. Das gilt für den privaten wie den beruflichen Kontext gleichermaßen.

In der Typenlehre wird von vier psychologischen Dimensionen ausgegangen, die unsere Persönlichkeit, unseren Wesenskern bestimmen. Auch wenn jede der Dimensionen zwei theoretische Endpunkte hat, gibt es dazwischen doch viele Abstufungen. Das lässt sich am Beispiel der ersten Dimension zeigen, bei der sich die Extraversion auf der einen Seite und die Introversion auf der anderen gegenüberstehen. Kein Mensch ist ausschließlich introvertiert, denn jeder Introvertierte erlebt auch extravertierte Momente – und umgekehrt. Dennoch neigen die allermeisten eher zu einer der beiden Seiten. Deswegen spricht man in der Typenlehre auch von Neigungen beziehungsweise Präferenzen. Diese liefern auf jeder Dimension zahlreiche Informationen über die Verhaltens-, Denk- und Gefühlsmuster eines Menschen. Kombiniert man die einzelnen Präferenzen, ergeben sich 16 mögliche Persönlichkeitstypen, die wir Ihnen im zweiten Teil vorstellen werden. Zunächst lernen Sie die vier Dimensionen kennen:

extravertiert	–	introvertiert
konkret	–	abstrakt
DenkEntscheider	–	FühlEntscheider
organisiert	–	locker

Die vier Dimensionen wurden bereits in »So bin ich eben!« ausführlich dargestellt. Hier soll es um diejenigen Aspekte der Persönlichkeit gehen, die für den Job wichtig sind: Wie zeigen sich bestimmte Eigenschaften in der Arbeitsweise, in der Herangehensweise an Projekte, in der Zusammenarbeit mit Kollegen? Wie wirkt sich die Neigung zu einer Dimension auf den jeweiligen Führungsstil aus? Wie lässt sich ein bestimmter Typ am besten handeln, beziehungsweise wie möchte er behandelt werden, welche Besonderheiten sind im Umgang mit ihm zu berücksichtigen? Hierzu kann die Typenlehre eine Vielzahl an Informationen geben.

Die erste Dimension: extravertiert oder introvertiert

Man soll schweigen oder Dinge sagen,
die noch besser sind als das Schweigen.«
Pythagoras

Extra- und Introversion sind in hohem Maße angeboren, das heißt, eine Extravertierte wird im Leben keine Introvertierte – und umgekehrt. Das heißt aber nicht, dass Eigenschaften wie Kommunikationsfähigkeit oder Konzentration nicht erlernt werden könnten. Gerade für den Beruf sind bestimmte Fähigkeiten unabdingbar und können erlernt und erworben werden. Trotzdem werden sie sich nie so selbstverständlich und locker zeigen wie die angeborenen Veranlagungen.

Um herauszufinden, ob jemand extra- oder introvertiert ist, eignen sich zum Beispiel die folgenden Fragen: Woher tankst du Energie, aus der Außenwelt (extravertiert) oder aus deinem Innenleben (introvertiert)? Worauf richtest du deine Aufmerksamkeit, nach außen (extravertiert) oder nach innen (introvertiert)? Neigst du dazu, zuerst zu reden und dann – vielleicht – zu denken (extravertiert)? Oder neigst du dazu, zuerst zu denken und dann – vielleicht – zu reden (introvertiert)?

Obwohl Introvertierte durchaus gern unter Menschen sein können, benötigen sie vor allem viel Zeit für sich allein. Extravertierte sind dagegen gesellig und erzählen gern. Für sie ist Kommunikation etwas Leichtes, Müheloses und Selbstverständliches. Sie reden und lassen ihr Gegenüber an ihren Gedanken und Gefühlen teilnehmen. Extras sprechen ihre Gedanken aus, noch während sie denken, nach dem Motto: »Woher soll ich wissen, was ich denke, wenn ich nicht höre, was ich sage.« Dies ist den Intros fremd, sie weben ihre Gedanken im Inneren und präsentieren dann das Resultat. Deswegen brauchen sie oft länger und äußern sich nicht so spontan wie die Extras. Intros sprechen nicht gern beim Denken, weil sie nicht gern ins Unreine reden.

Da für Extras Kommunikation so etwas Leichtes und Selbstverständliches ist, gehen sie davon aus, dass es allen so geht. Wenn ein Extra mal langsam antwortet, dann entweder, weil er tatsächlich keine Antwort weiß, oder weil er der Situation und dem Gegenüber misstraut und deswegen vorsichtig ist. Die meisten Menschen neigen dazu, von sich auf andere zu schließen, in der psychologischen Fachsprache nennen wir diesen Vorgang »Projektion«. Entsprechend geht ein Extra davon aus, wenn eine Person zögerlich und mit Denkpausen antwortet, dass sie entweder ein bisschen unterbelichtet oder nicht offen ist. Umgekehrt projizieren Intros womöglich, Extras seien oberflächlich und geschwätzig, weil sie nicht zuerst nachdenken, bevor sie reden, und schon nach kurzer Zeit der Bekanntschaft über Persönliches sprechen. Die Grundtendenz dürfte klar geworden sein: Der Extra misstraut dem Intro, weil er wenig spricht, und der Intro misstraut dem Extra, weil er viel spricht. Dies kann zu einigen Missverständnissen führen, die nicht ohne Auswirkung auf das kollegiale Verhältnis, das Arbeitsklima und die Produktivität bleiben.

So ticken die Extravertierten im Job

Welche Unterschiede zwischen Extravertierten, »Extras«, und Introvertierten, »Intros«, sind *für die Arbeitswelt* relevant? Generell sorgen die Extras für die Kommunikation innerhalb des Teams und nach außen. Sie vermitteln Energie und Begeisterung und reagieren rasch, ohne lange Denkpausen. Gerade in Kick-offs, also beim Startschuss und in der Anfangsphase von Projekten, sind diese Power-Säulen im Team unentbehrlich. Sie ergreifen bereitwillig die Initiative und motivieren andere. Insbesondere in Verkaufsgesprächen und in der Akquise spielt die Begeisterungsfähigkeit der Extras eine große Rolle. Mut und Risikobereitschaft sind Eigenschaften, die Extras auszeichnen: Um attraktive Ziele zu erreichen, tun sie fast alles. Auf dem Weg zum Ziel zeigen sie eine hohe Flexibilität und können sich schnell auf neue Situationen einstellen und anpassen. Sie argumentieren mit großer Überzeugungskraft und können das Unternehmen beziehungsweise einzelne Projekte gut präsentieren. Ohne lange Umschweife und zögerliches Überlegen werden sie mit hoher Geschwindigkeit aktiv. Auch unvorbereitet können sie verbal noch einiges rausholen. Ihre unmittelbare Umgebung verändern sie durch Tun und Aktionen. Durch ihre Zugewandtheit und Redefreude stärken sie das Gemeinschaftsgefühl, was für Teams bedeutend und für Hochleistungsteams unentbehrlich ist.

Extras tun sich leichter als Intros, eine Entscheidung wieder aufzuheben, wenn es ihnen sinnvoll erscheint. Aufgrund ihrer Überzeugungskraft können sie den Kurswechsel auch mühelos erklären. Außerdem macht es ihnen nicht so viel aus, heikle Themen und schwelende Konflikte anzusprechen. Hierdurch befördern sie häufig konstruktive Problemlösungen im Team.

Andererseits kann die hohe Risikobereitschaft der Extras manchmal auch in Leichtsinn ausarten. Projekte können scheitern, weil die Extras neue Kicks brauchen, um an einer Sache dranzubleiben. Sie setzen dann eher auf Kurswechsel, statt sich mit Fleiß und Ausdauer durch ein schwieriges Arbeitsfeld oder eine zähe Projektphase zu ackern. Extras müssen also aufpassen, nicht das Interesse an einem Projekt zu verlieren, wenn die ersten Herausforderungen gemeistert sind und es an die Feinarbeit geht.

Ist die Extraversion stark ausgeprägt, kann sich das selbstsichere Auftreten der Extras auch in eine gewisse Dominanz und Selbstdarstellung übersteigern. Dann kann die Anerkennung der anderen Teammitglieder zu kurz kommen, was zu erheblichem Frust im Team führen kann. Extras, auf die dies zutrifft, dürfen lernen, sich zurückzunehmen.

Eine weitere Hürde für Extras kann ein Mangel an Besonnenheit sein. In schwierigen Situationen schalten sie auf »emotionalen Angriff«, was die Lage nicht unbedingt verbessert. Oft könnte durch gründliches Nachdenken eine bessere Lösung gefunden werden. Sind langfristige und komplexe Lösungen gefragt, kann der Unwille der Extras, sich allzu lange mit einer Sache zu beschäftigen, zum Stolperstein werden. Diesbezüglich sollte der Extra achtsam sein und sich rechtzeitig dabei ertappen, wenn seine Ungeduld nach Abwechslung verlangt – sie könnte genau an dieser Stelle des Prozesses kontraproduktiv sein. Vielleicht ist es auch sinnvoll, einen Intro um Unterstützung zu bitten.

So führen die Extravertierten

Der Führungsstil von Extravertierten ist ähnlich wie ihr Lebensstil: Sie hauen alles raus. Sie sortieren ihre Gedanken beim Reden und laden gern zu Besprechungen und Gesprächsrunden ein. Spontane Ideen und Geistesblitze werden skizziert und formuliert – ohne das Stadium der Verbindlichkeit erreicht zu haben. Die extravertierte Chefin engagiert sich einfach gern im Gespräch mit ihren Mitarbeitern, spricht, netzwerkt und legt ihre Pläne offen, noch lange bevor sie spruchreif sind. Es wird geredet und gemacht. Durch ihre lebendige Art inspiriert und energetisiert sie ihre Mitarbeiter. Ein Introvertierter könnte hieraus fälschlicherweise einen Handlungsbedarf ableiten, denn er äußert seine Ideen in der Regel erst, wenn er sie bereits einer längeren inneren Analyse unterzogen hat. Projiziert er seine Herangehensweise auf die extravertierte Chefin, meint er womöglich, diese erwarte von ihm Schritte zur Umsetzung ihrer Ideen. Im Umgang mit extravertierten Chefs ist also immer die Frage angebracht: Sollen wir das jetzt auch wirklich tun? Umgekehrt projiziert der extravertierte Chef seine eigene Offenheit leicht in den Intro, der sich jedoch schwertut mit schnellen und spontanen Äußerungen. Deswegen sei extravertierten Vorgesetzten geraten, den Intro immer wieder zur Offenlegung seiner – häufig sehr guten – Gedanken und Ideen einzuladen.

Aus Sicht der Introvertierten kann auch die höhere Konfliktfreudigkeit oder gar Impulsivität der Extras die Beziehung belasten. Intros scheuen in der Regel den Konflikt, deswegen kann es ihnen leicht passieren, dass sie die Kritik ihres extravertierten Chefs (oder auch einer extravertierten Kollegin) als viel fundamentaler und schlimmer einschätzen, als sie tatsächlich gemeint ist. Denn die Extras machen häufig schon wegen Kleinigkeiten den Mund auf, die der Intro unter den Tisch fallen ließe. Auch die Wut des Extras kann der Intro völlig überschätzen – weil er seinerseits bei einem derartigen Ausbruch schon kurz vor dem Amoklauf stünde. Doch die Extras können zwar leicht mal aus der Haut fahren, aber auch schnell wieder runterkommen und sind in der Regel nicht nachtragend.

Kleine Gebrauchsanleitung für Extravertierte

- Extras brauchen in Besprechungen und Meetings Zeit und Raum, um laut zu denken. Selbst wenn der Extra das Gespräch auf diese Weise allein bestreitet, wird er seinem Gegenüber am Ende für das angenehme Gespräch danken. Der Extravertierte freut sich nämlich, wenn er die Gelegenheit bekommt, laut nachzudenken, und wenn er vieles im Gespräch mit Kolleginnen und Kollegen oder dem Chef klären kann. Extras sind Sprechdenker. In Meetings können kleine Gesprächsrunden und Austauschsituationen mit Kolleginnen und Kollegen die Extras befeuern und deren Redefluss kanalisieren.
- Extravertierte haben meistens kein Problem damit, wenn auch andere das Gespräch aktiv mitgestalten. Jene Extras, die einen

sehr starken Rededrang haben, sind oft sogar dankbar, wenn sie darauf vertrauen können, dass die Chefin oder ein Kollege mal dazwischengeht oder gegebenenfalls unterbricht und das Wort ergreift. Denn Extras wollen sich nicht immer den Kopf zerbrechen müssen, ob sie mal wieder zu viel reden – was einige durchaus selbstkritisch befürchten. Hier ist eine geschickte Moderation gefragt, die bei Bedarf Grenzen aufzeigt und auch anderen, vor allem Intros, aktiv das Rederecht zukommen lässt.

- Ein Extra mag es, wenn man ihm persönliche Fragen stellt. Er hat dann das Gefühl, dass man sich für sein Leben interessiert. Auch wenn ein Extravertierter schnell auf Persönliches zu sprechen kommt, ist er genauso gut wie ein Introvertierter in der Lage, Vertrauliches für sich zu behalten. Wenn ein Extra eine persönliche Frage stellt, ist er nicht distanzlos und will niemanden ausfragen. Der Extra ist so. Er liebt den Kontakt zu Menschen und möchte schnell eine persönliche Basis finden. Es geht dem Extra um die Gestaltung des Miteinanders – um das Herstellen einer tragfähigen Beziehungsebene. Wer die Frage nicht beantworten will, kann ihm einfach sagen, dass er seine offene Art schätzt, aber selbst etwas länger bräuchte, um über Privates zu reden.
- Ein Extra ist emotionaler als ein Intro. Er kann zwar schnell in die Luft gehen, kommt aber auch schnell wieder runter und ist normalerweise nicht nachtragend. Für viele Extravertierte ist es nichts Schlimmes, ein offenes Wort zu sagen oder auch mal eine Kritik anzubringen. Insofern ist der Extra ein guter Trainingspartner für Intros, die selbst ein wenig offener und konfliktfähiger werden wollen.

So ticken die Introvertierten im Job

Anders als die Extras benötigen Intros relativ wenig äußeren Input, sondern bekommen viel Anregung aus ihrem Innenleben. Sie reflektieren und lesen viel und sind mit ihren inneren Verarbeitungsprozessen beschäftigt. Nicht nur, was ihr Bedürfnis nach Anerkennung betrifft, sind Intros recht unabhängig von der äußeren Welt. Ihre hohe Konzentrationsfähigkeit lässt sie ausdauernd über Lösungen brüten und zäh an einer Sache dranbleiben, bis der Erfolg sich einstellt – auch wenn schon kein anderer mehr als der Intro selbst daran geglaubt hat. Dort wo die Extras anfangen, sich zu langweilen, laufen die Intros zur Hochform auf. Diese haben nämlich die nötige Disziplin und Ausdauer, um sich mit zähen Inhalten zu beschäftigen. Deshalb verfügen einige von ihnen auch über eine ausgezeichnete Allgemeinbildung und/oder sind Experten auf einem oder mehreren Fachgebieten. Forscher, die sich in unendlicher Geduld einem Thema widmen, bis ihnen endlich der Durchbruch gelingt, sind ein gutes Beispiel für das introvertierte Schaffen. Viele Introvertierte schreiben auch gern. Schreibend fällt es ihnen leichter, ihre Gedanken zu sortieren und zu äußern. Sie schreiben oft lieber E-Mails, als zu telefonieren oder ein persönliches Gespräch zu führen.

Intros bereiten sich gut vor, entwerfen wohldurchdachte Strategien und ausgeklügelte Pläne. Weil sie bei der Arbeit weder Lärm noch Unterbrechungen und Ablenkungen mögen, tun sich viele Intros schwer mit Open-Space-Büros – sie arbeiten am liebsten für sich an einem ruhigen Platz oder in einem eigenen Büro. Denn auch in der Arbeit erschöpfen sie zu viel Kontakt mit anderen und zu viel Ansprache.

Weil Intros genaue Beobachter und zugewandte Zuhörer sind, können sie sich gut in andere Menschen einfühlen. Dies trägt nicht nur zu einer angenehmen Arbeitsatmosphäre bei, sondern häufig auch zu guten Problemlösungen. Andererseits kann durch ihre zurückhaltende, besonnene Herangehensweise im persönlichen Umgang der Austausch im Team gehemmt und blockiert werden. Wichtige Einschätzungen bleiben dann von ihnen ungesagt und folglich ungehört – was sehr bedauerlich sein kann.

Es dauert auch länger, introvertierte Kolleginnen und Kollegen kennenzulernen, da sie nicht so schnell über Persönliches reden wie die Extras. Ist die Introversion stark ausgeprägt, können sie verschlossen und recht distanziert wirken, was vor allem die Extravertierten verunsichern kann.

Vor allem in Stresssituationen neigen Intros dazu, sich zurückzuziehen und im Kleinteiligen zu verlieren. Dann können sie sich leicht verzetteln und Wichtiges nicht mehr von Unwichtigem unterscheiden. Durch seine Konfliktscheu kann der Intro viel Verdruss in sich anhäufen, den er jedoch nicht laut äußert, sondern durch trödeln, vergessen, auflaufen lassen, Zusagen nicht einhalten oder quälend langsam umsetzen zum Ausdruck bringt.

So führen die Introvertierten

Der Führungsstil der Intros zeigt sich weniger in Worten als in Taten und durch eine gute Vorbildfunktion. Introvertierte Vorgesetzte erwarten, dass die Mitarbeiter ihre Aufgaben erledigen, am besten ohne viele Meetings. Da sie selbst ihre Ideen aus sich heraus generieren, halten sie wenig davon, andere anzutreiben und zu motivieren. Ihre Konzepte und Ergebnisse präsentieren Intros gern auch in schriftlicher Form.

Besonders unangenehm sind Intros Konflikte – deswegen zögern sie manchmal zu lange, bevor sie das klärende Gespräch mit Mitarbeitern oder Kolleginnen suchen. Und auch ein Lob geht vielen von ihnen nicht so leicht über die Lippen, dabei brauchen ihre Mitarbeiterinnen und Mitarbeiter auch anerkennende Worte und ein Feedback.

Intros können durch ihre ruhige und konzentrierte Art sehr angenehme Vorgesetzte sein, die intensiv und beharrlich auf strategische Ziele zugehen. Sie setzen auf Erfahrung und Kenntnisse der Tatsachen und erwarten von den Mitarbeiterinnen Loyalität und Selbstverantwortung im Arbeiten.

Introvertierte Chefs vermeiden impulsives Handeln und legen bei anstehenden Entscheidungen eher eine zögerliche Art vor. Informationen für die Entscheidungsfindung werden sorgfältig gesammelt und intensiv ausgewertet. Die Fragestellung gärt bereits lange im Hintergrund und bewegt seine innere Gedankenwelt. Dabei lässt er sich nicht so gern auf einen partizipativen Prozess ein, sondern entscheidet meist, ohne andere mit einzubeziehen und hinter verschlossenen Türen. Folglich wird das Resultat erst präsentiert, wenn alles durchdacht und fertig ist, weshalb es für andere oft nicht oder nur schwer nachvollziehbar ist. Intros müssen aufpassen, weil die Phase »Verstehen-vor-handeln« leicht in ein »Verstehen-statt-handeln« umkippen kann.

Kleine Gebrauchsanleitung für Introvertierte

- Introvertierte Kolleginnen und Kollegen brauchen genügend Zeit und Raum, um ihre Antworten in Ruhe zu formulieren. Weil Intros zuerst denken und dann reden oder handeln, brauchen sie zwar manchmal etwas länger, dafür hat das Gesagte zumeist auch Hand und Fuß. In Meetings helfen ihnen stille Phasen oder Mauschelgruppen zu zweit.
- Intros brauchen das Alleinsein, um ihre Batterien aufzuladen. Deshalb ziehen sie sich gern zurück. Sie wollen damit niemanden zurückweisen, es mangelt ihnen auch nicht am Interesse an der Arbeit oder an einer anderen Person. Entsprechend sind Meetings für Introvertierte vor allem anstrengend – obwohl sie sich in der Regel auf wichtige Tagesordnungspunkte gezielt vorbereiten.
- In Konfliktsituationen fühlen sich die nachdenklichen Intros von den schnellen Extras manchmal an die Wand geredet.

Während der Intro Zeit benötigt, seine Gedanken zu sortieren, denkt der Extra nämlich beim Sprechen nach, wodurch er in Konfliktsituationen schlagfertiger ist. Wenn der Intro dann jedoch aus Überforderung dichtmacht, geht gar nichts mehr voran. Hier kann es helfen, die Auseinandersetzung auf einen anderen Zeitpunkt zu verlegen

- Der Introvertierte mag es, wenn man ein Gespräch ankündigt und an seiner Bürotür anklopft, bevor man eintritt. Besonders gern tauscht er sich per E-Mail aus.

Reflexion: extra- oder introvertiert?

Sicherlich haben Sie beim Lesen mitgedacht und versucht, sich selbst als eher extra- oder introvertiert einzuschätzen. Haben Sie eine Erkenntnis gewonnen? Wohin tendieren Sie?

Welche typischen Eigenschaften für einen Extra oder eine Intro nehmen Sie an sich wahr?

Haben Sie bereits einige Ihrer Kolleginnen und Kollegen zuordnen können? Oder Ihre Chefin?

Extras

Intros

Die zweite Dimension: konkret oder abstrakt

Es kommt nicht darauf an, die Zukunft vorauszusagen, sondern darauf, auf die Zukunft vorbereitet zu sein.

Perikles

In der zweiten Dimension werden die persönliche Wahrnehmung und das Denken eingeordnet. Alle Menschen nehmen die Welt über ihre fünf Sinne wahr. Und doch sehen die einen insbesondere die einzelnen Bäume, während die anderen vor allem den Wald sehen. Erstere sind die Konkreten, die den besseren Blick für den einzelnen Baum, für Details haben. Sie richten ihre Wahrnehmung stark auf die fassbare, dingliche Welt, also auf die äußere Realität, auf Zahlen, Daten und Fakten. Entsprechend können sie zu wandelnden Datenbanken werden. Konkrete sind Pragmatiker, die im Hier und Jetzt leben. Zum Lösen von Problemen setzen sie vorzugsweise auf Erfahrungen und Standardwege.

Den Konkreten gegenüber stehen die Abstrakten. Sie nehmen eher das große Ganze und übergeordnete Muster wahr, interessieren sich mehr für Theorien und Zusammenhänge als für einzelne Fakten und Details, die sie sich auch ungern merken, weil sie sie für unwesentlich halten. Da sie gern Neues lernen und die Herausforderung lieben, arbeiten sie bevorzugt an Konzepten und innovativen Inhalten.

In der Arbeitswelt fallen die Unterschiede der beiden Pole der zweiten Dimension besonders deutlich ins Auge. Denn die Konkreten schauen auf die Daten und Fakten eines Geschäfts oder Arbeitsinhalts, während die Abstrakten ihre Wahrnehmung auf die großen Zusammenhänge richten, auf das »big picture«, und mühelos erkennen, was sein »könnte«, welche Möglichkeiten sich in der Zukunft ergeben könnten. Hier entwickeln sie mitunter sogar visionäre Fähigkeiten. Allerdings kann ein Konkreter auch schon in der Entwurfsphase einige berechtigte Einwände hinsichtlich der Machbarkeit eines Projekts antizipieren, die der Abstrakte übersehen haben mag.

Für den Unternehmensalltag bedeutet dies, dass die Abstrakten ihre Stärke in der Innovation und konzeptionellen Phase eines Projekts zeigen, während die Stärke der Konkreten in dessen praktischer Umsetzung liegt. Beide Typen sind also unentbehrlich für unternehmerischen Erfolg, besonders in Zeiten der Digitalisierung. Abstrakte und Konkrete ergänzen sich in der Zusammenarbeit sehr gut – vorausgesetzt, ihre Stärken und Schwächen werden erkannt und kommen im Team zur Geltung.

Exkurs: Leadership und Management

Management und Leadership beschreiben zwei archetypische Führungskulturen, die in der Unternehmenswelt allzu oft auf gegenseitiges Unverständnis stoßen. Dabei sind beide Führungskulturen für ein Unternehmen bedeutungsvoll und Schlüssel zum Erfolg. Auf der einen Seite steht die visionäre Führung (Leadership), die eher zu den Abstrakten passt, auf der anderen Seite sind die eher konkreten Manager auf Ordnung und Perfektion ausgerichtet (Management).

Leadership bedeutet – und das ist genetisch in den Abstrakten angelegt –, die Geführten mit Visionen zu inspirieren und sie von innen heraus zu motivieren. Dadurch sorgt Leadership für Kreativität, Innovation, Sinnerfüllung und Wandel. Prototypen für erfolgreiche und charismatische Leader sind Mark Zuckerberg von Facebook sowie der legendäre, früh verstorbene Steve Jobs von Apple.

Management ist eine eher nüchterne, analytische und gewissenhafte Führungspraxis. Sie ist in den Konkreten per Gen angelegt. Manager sorgen mittels Planung, Organisation und Kontrolle für perfekte, effiziente Abläufe im Tagesgeschäft, setzen auf bewährte und praktische Vorgehensweisen und sind wenig daran interessiert, unnötige Risiken einzugehen. Gutes Management prägt stabile Unternehmen. Einzelne Branchen sind stark vom Management geprägt: Banken, Versicherungen und vor allem sicherheitsorientierte Unternehmen.

So ticken die Konkreten im Job

Konkrete beschäftigen sich gern mit Dingen, die einen Praxisbezug aufweisen, die anwendbar, realistisch und machbar sind. Dagegen ermüden sie schnell, wenn es um den Austausch von Theorien und Konzepten geht, die keinen offensichtlichen oder praktischen Nutzen haben. Privat wie beruflich verlassen sie sich auf ihre Erfahrungen und gehen gern systematisch und Schritt für Schritt vor, vergleichen Daten und Fakten und analysieren den gegenwärtigen Handlungsbedarf. Gesunder Menschenverstand, Genauigkeit und Faktenwissen zählen zu ihren Stärken. Eine detaillierte Ausarbeitung und Umsetzung einer Idee begeistert sie weitaus mehr, als ständig mit neuen Entwürfen aufzuwarten.

Ein Beispiel für eine typisch konkrete Organisation ist McDonald's: Hier führte die exakte Beschreibung und feinteilige Produktion von »Hamburgern« zu einer bedeutenden Weltmarke. Egal, wo auf dem Globus Sie einen »Hamburger« von McDonald's essen, er wird überall auf die gleiche, »konkrete« Verfahrensweise hergestellt und zubereitet.

Ist der Startschuss für ein Projekt gefallen, fangen die Abstrakten schnell an, sich zu langweilen. Dann ist die Stunde der Konkreten gekommen. Sie laufen zur Hochform auf, sobald es um die Umsetzung und die Detailarbeit geht. Dabei bevorzugen sie solide und erprobte Routinen, die sich schon in der Vergangenheit bewährt haben. Sie wissen genau, was funktioniert. Da sie die Welt von der praktischen Seite her betrachten, fällt den Konkreten immer wieder etwas auf, was verbessert werden kann. Am liebsten gehen sie Schritt für Schritt vor und stellen mit einem genauen Zeitplan die Umsetzung eines Projekts sicher. Ein (oft) guter Ordnungssinn mit effizienter Ablage unterstützt sie dabei. Durch ihr belastbares Gedächtnis bewältigen sie auch eine große Datenmenge.

Manchmal kann ein kleinteiliger Planungsprozess aber so viel Zeit in Anspruch nehmen, dass sich die Anforderungen von außen zwischenzeitlich verändert haben. Wenn das die Konkreten vor lauter Ordnung und Zahlen nicht im Blick haben, kann das einen hohen Preis kosten: Die Zukunftsfähigkeit des Unternehmens kann dabei verloren gehen. Hier wird die Zusammenarbeit mit den Abstrakten im Team besonders wertvoll, damit die Perspektiven und Entwicklungen der Zukunft im aktuellen Projektgeschehen berücksichtigt werden und die Zukunftsfähigkeit sichergestellt wird.

Ein Beispiel des Unternehmens Faber-Castell kann dies verdeutlichen: Die konstante und zielstrebige Weiterentwicklung und Professionalisierung des Rechenschiebers in den 1970er Jahren hatte zu einer schweren Krise geführt, weil nicht beachtet wurde, dass Hewlett Packard bereits 1972 einen Taschenrechner erfunden hat, der schließlich zum Aus des Rechenschiebers führte.

»Wir wissen zwar nicht wohin – aber dafür ordentlich!«, beschreibt eine der Schattenseiten der Konkreten. Sie sind stark gegenwartsorientiert und konstruieren das Bild von der Zukunft aus den Erfahrungen der Vergangenheit. Die Zukunft wird praktisch als Ausläufer der Gegenwart gesehen. Der oft unbeugsame Glaube der Konkreten an das Ursache-Wirkung-Prinzip lässt die gewaltigen Veränderungen im Zeitalter der Digitalisierung oft in den Hintergrund geraten. Wo sich der Abstrakte vor Ideen ohne Taten hüten muss, lauert für den Konkreten die Falle eines zu ausgeklügelten und perfekten Maßnahmenplans.

So führen die Konkreten

Der Führungsstil der Konkreten ist am Management (im Gegensatz zum Leadership) orientiert. Ihre Fähigkeiten liegen häufig in perfekt geplanten Abläufen und im Anwenden von Management-Werkzeugen: Zeitmanagement, Projektmanagement und Führung mit Zielen. Das Finden von Maßnahmen und Aktionen, um Ziele zeitgerecht zu erreichen, gehört zu den Stärken der Konkreten. Die konkrete Chefin meistert Veränderungen in kleinen Schritten, step by step. »Change Management« ist für Konkrete die permanente Verbesserung des Vorhandenen. Der kontinuierliche Verbesserungsprozess lässt sie zwar im Detail innovativ sein, manchmal fehlt aber der große Wurf. Konkrete Chefs sollten sich fragen: »Wo wollen wir hin?«, »Wie sieht die Zukunft des Unternehmens in zehn Jahren aus?«, »Was sind die zukünftigen Anforderungen von außen an unser Unternehmen?«, »Verkaufen wir, was wir herstellen, oder stellen wir her, was wir verkaufen können?« Sprechen konkrete Chefs offen über diese Fragen mit ihrem Team, werden sie staunen, was die Abstrakten in ihrem Team zu sagen haben.

Chefs mit einer konkreten Persönlichkeitsstruktur sind in ihrem Führungsstil eher traditionell. Sie respektieren und leben die Hierarchie und bewegen sich souverän innerhalb dieses Systems. Status, Beförderungen und Macht geben sie gern langjährigen Mitarbeiterinnen und Mitarbeitern, da Fähigkeiten und Kompetenzen für Konkrete etwas mit Erfahrung zu tun haben. Unter der Führung von konkreten Chefs kann man sich zwar hochdienen, der frische Wind von außen und Quereinsteiger haben es jedoch meist schwer.

Kleine Gebrauchsanleitung für Konkrete

- Eine Grundregel im Umgang mit Konkreten: Sie erwarten auf eine konkrete Frage eine konkrete Antwort, denn sie haben eine Abneigung gegen Ungenauigkeiten und Verschwommenes.

- Um bei einem Konkreten etwas zu erreichen, muss man sich in seine Welt versetzen: Die Wahrnehmung des Konkreten wird von seinen Sinnen bestimmt, er mag das Fassbare und Anschauliche, eben alles, was mit Erfahrung und Erleben zu tun hat. Er mag es eben konkret und nachvollziehbar, deshalb sollte ein Pitch oder eine Präsentation für einen »konkreten« Chef oder Geschäftspartner jede Menge Zahlen, Daten und Fakten enthalten und weniger abstrakte Ideen.
- Wer einen Konkreten von etwas überzeugen möchte, sollte seine Bodenständigkeit beachten: Im Unterschied zum Abstrakten ist er (eigentlich immer) skeptisch gegenüber Neuem eingestellt, weil es noch keiner Erprobung unterzogen wurde. Wörter wie Vision, Inspiration und Intuition, die für den Abstrakten angenehm und vertraut klingen, könnten für den Konkreten Reizwörter sein. Dagegen überzeugen ihn Erfahrungswerte, handfeste Fakten und nachvollziehbare Beobachtungen.
- Der Konkrete wünscht sich, dass sein Realitätssinn, seine gute Beobachtungsgabe und sein Pragmatismus wertgeschätzt werden.

So ticken die Abstrakten im Job

Die Abstrakten sollten im Unternehmen für die Entwicklung neuer Konzepte und Ideen zuständig sein. Da sie sich für Innovationen begeistern und gedanklich gern weit in die Zukunft abschweifen, entwerfen sie mit Leichtigkeit Strategien und kreative Lösungswege. In großen Unternehmen gibt es manchmal eigene interne Kreativabteilungen. Dort tummeln sich die Abstrakten, um im Team neue Lösungsansätze und Produktideen zu entwickeln. Sie mögen die großen Entwürfe, diese bis in die konkreten Einzelheiten auszuarbeiten quält sie hingegen. Sie sind also am besten in der Anfangsphase von Projekten – ein anderer (Konkreter) soll es dann übernehmen, das Projekt umzusetzen.

Abstrakte können mit einem einzigen Blick komplexe Zusammenhänge und zugrundeliegende Muster erkennen, ebenso wohin sich das Unternehmen entwickeln könnte. Ein Beispiel für eine »abstrakte« Organisation ist Apple: Die Digitalisierung von Musik bei iTunes und das Streamen von Musik und Filmen auf tragbaren Geräten war eine geniale, zukunftsträchtige Idee.

Abstrakte kümmern sich nicht nur um die Weiterentwicklung von dem, was bereits da ist, sondern machen und denken Dinge auch gern mal ganz anders und gänzlich neu. Während die Konkreten auf bewährte Umsetzungsschritte und auf gute Erfahrungen von früher zurückgreifen, wenden die Abstrakten unter Umständen auch radikal andere Herangehensweisen an. Das liest sich leicht und locker, kann aber für eine »konkrete« Chefin oder in einem von Konkreten dominierten Team zu permanenten Spannungen zwischen Konkreten und Abstrakten führen.

Eine weitere Stärke der Abstrakten liegt darin, dass sie auf dem Weg zum Ziel den Sinn und die Bedeutung der Tätigkeiten für das große Ganze in den Vordergrund rücken. Sie denken vom Ziel her. Im Rahmen des Neuro-Leadership (gehirngerechtes Führen) fördert diese Haltung die Motivation bei der Arbeit. Fragen wie »Welche Bedeutung hat das, was ich gerade tue, für das Ganze beziehungsweise für den Kunden?« fördern die Motivation von innen heraus (intrinsisch). Gerade an emotionalen Tiefpunkten gemeinsamer Arbeit sind zwei Fragen wichtig. Erstens: »Wofür und warum machen wir das, was wir gerade tun?« (Frage der Abstrakten) und zweitens: »Was ist der nächste konkrete Schritt in die richtige Richtung?« (Frage der Konkreten).

So großartig die Stärken der Abstrakten für die Zukunftsfähigkeit eines Unternehmens auch sind, so darf doch nicht vergessen werden, dass ohne die konkrete Umsetzung theoretischer Konzepte und Ideen nichts gewonnen ist. Das Kleingedruckte im Vertrag und der »Teufel im Detail« werden von den Abstrakten oft übersehen oder stark vernachlässigt. Hier ist die Tatsachenorientierung gefordert, die in den Konkreten naturgemäß angelegt ist. Erst eine Kooperation von Konkreten und Abstrakten verhindert, dass ein Projekt im Sande verläuft. Schaut eine konkrete Kollegin kurz vor einer Präsentation noch einmal über die Präsentationsfolien eines Abstrakten, wird sie Erstaunliches rückmelden können. Ebenso sollten Konkrete nach dem Startschuss eines Projektes die Machbarkeit prüfen, die ersten Meilensteine festlegen und Zeitpläne schreiben. Auf die Art werden sich die Stärken aller hervorragend ergänzen.

So führen die Abstrakten

Der Führungsstil der Abstrakten ist am Leadership (im Gegensatz zum Management) orientiert. Ihre Stärken liegen in der Führung und Ausrichtung der Mitarbeiterinnen und Mitarbeiter an einem wirklich großen Ziel oder sogar an einer Vision. Neuen Mitarbeiterinnen und Mitarbeitern erklärt die abstrakte Chefin, welche Philosophie und Denkweise, welche Vision und welches Leitbild das Team und das Unternehmen prägen.

Verbesserungen werden nicht Schritt für Schritt angegangen wie bei den Konkreten, sondern es geht um eine Transformation, um einen Wandel, um fundamentale Veränderungen. Nicht nur die Form des Unternehmens, die Art der Zusammenarbeit und das Verhalten der Mitarbeiter werden neu gedacht, sondern auch das Denken selbst wird kritisch überprüft. Abstrakte Führungspersönlichkeiten finden radikal neue Technologien oder Ideen attraktiv und setzen auf Zukunftstrends.

Kleine Gebrauchsanleitung für Abstrakte

- Details interessieren den Abstrakten nicht. Wer einem Abstrakten etwas nahebringen möchte, sollte die Pointe vorwegnehmen und gleich auf den Punkt kommen. Denn der Abstrakte möchte das Wesentliche zuerst hören.
- Der Abstrakte schürft gern etwas tiefer, deshalb langweilt er sich, wenn sich das Gespräch über einen längeren Zeitraum nur um Gegenständliches dreht. Er mag Fragen nach dem Sinn von etwas oder in welchem Zusammenhang das Ganze steht. Da Abstrakte in der Regel ein sehr feines Näschen für zukünftige Entwicklungen haben, sollte man ihre Visionen und Ideen nicht als »Spinnerei« abtun.
- Wer einen Abstrakten von einer Idee überzeugen will, sollte Formulierungen verwenden wie »Ich habe da eine Idee …«, »Man könnte es auch anders machen …«, »Es gibt neue Möglichkeiten …«, »Mir sind einige Muster klar geworden …«, »Der Grundgedanke ist …«, »Die Strategie wäre …«.
- Der Abstrakte ist eigentlich ein Theoretiker, der es liebt, über die großen Zusammenhänge nachzudenken und neue gedankliche Verbindungen herzustellen. Wer dieses Potenzial zu nutzen weiß, könnte damit ganz neue Felder unternehmerischen Handelns auftun.
- Wenn möglich, sollte sich ein Abstrakter nicht mit Kleinkram beschäftigen müssen, sondern Wertschätzung für seine originellen Einfälle und sein konzeptionelles Denken erfahren.

Reflexion: konkret oder abstrakt?

Sicherlich haben Sie beim Lesen mitgedacht und versucht, sich selbst als eher konkret oder abstrakt einzuschätzen. Haben Sie eine Erkenntnis gewonnen? Wohin tendieren Sie?

Welche typischen Eigenschaften für einen Konkreten oder eine Abstrakte nehmen Sie an sich wahr?

Haben Sie bereits einige Ihrer Kolleginnen und Kollegen zuordnen können? Oder Ihre Chefin?

Konkrete

Abstrakte

Die dritte Dimension: DenkEntscheider oder FühlEntscheider

Das Leben ist eine Komödie für den Denkenden und eine Tragödie für die, welche fühlen.
Hippokrates

Die dritte Dimension unterscheidet die Art und Weise, wie jemand Entscheidungen trifft, ob er sich dabei eher von seinen Gefühlen (FühlEntscheider) oder eher von seiner Vernunft (DenkEntscheider) leiten lässt. Während die DenkEntscheider gründlich analysieren und dann eine vor allem sachlich begründete Entscheidung fällen, berücksichtigen die FühlEntscheider, einfühlsam und verständnisvoll wie sie sind, in erster Linie die zwischenmenschlichen Werte und die Auswirkungen der beabsichtigten Entscheidung auf andere.

Diplomatisch und mit Fingerspitzengefühl versuchen die konfliktscheueren FühlEntscheider niemanden zu verletzen – zumal sie viel Wert auf Harmonie und gute Beziehungen legen. Dagegen äußern die DenkEntscheider ihre Kritik oft direkt und wundern sich, wenn andere nicht so dickfellig sind wie sie selbst. Daraus entstehen auch in einem Team Konflikte. DenkEntscheider treffen eine Entscheidung nach sorgfältiger Analyse und intensiver Abwägung der Fakten. Sie folgen dem Kausalprinzip nach Ursache und Wirkung, streben nach Objektivität und wollen alle gleich behandeln.

Die dritte psychologische Dimension ist übrigens die einzige, die einen Bezug zum Geschlecht aufweist. So sind etwa 65 Prozent der Männer DenkEntscheider und 65 Prozent der Frauen FühlEntscheiderinnen. Denn im weiblichen Gehirn bestehen, im Unterschied zum männlichen, mehr neurologische Verbindungen zwischen der linken und der rechten Gehirnhälfte. Diese Verbindungen sorgen von Natur aus dafür, dass Frauen besser in der Lage sind, Emotionen auszudrücken und in ihr Denken miteinzubeziehen. Das wirkt sich sozusagen mildernd auf die weiblichen DenkEntscheiderinnen aus, denn ihre Neigung wird durchmischt von Sozialisationseffekten und biologischer Veranlagung, wodurch sich die »männliche« mit der »weiblichen« Denkart verwebt. Mit umgekehrten Vorzeichen gilt dies für FühlEntscheider-Männer. Beiden »Mischtypen« steht somit ein recht breites Spektrum zur Verfügung.

So ticken die FühlEntscheider im Job

Ein harmonisches Miteinander ist FühlEntscheidern ein großes Bedürfnis. Deshalb sind sie hilfsbereit, verweisen gern auf das Positive, loben ihr Gegenüber und machen Komplimente. Sie haben auch feine Antennen für die Bedürfnisse ihrer Mitmenschen, deren Meinung ihnen sehr wichtig ist. Herrscht eine angespannte Atmosphäre, bemühen sie sich sofort um eine positive Stimmung. Das gelingt ihnen auch oft, weil sie mitfühlend und verständnisvoll sind und ein offenes Ohr für die Probleme anderer haben. Soll eine schwierige Entscheidung im Team oder im Unternehmen kommuniziert werden, dann ist dieser Typ bestens geeignet, um das Ergebnis mitzuteilen und für dessen Akzeptanz zu sorgen. Mit ihrer feinfühligen, anteilnehmenden Art legen sie die Basis für eine gute und förderliche Zusammenarbeit, in der Wertschätzung und Respekt einen festen Platz haben.

Entsprechend schwer tun sich FühlEntscheider damit, Konflikte anzusprechen und Grenzen zu setzen. Zum einen wollen sie mit ihrer Kritik ihr Gegenüber nicht verletzen, zum anderen legen sie (zu) viel Wert auf die Meinung anderer und wollen sich nicht unbeliebt machen. Deshalb ist ihre Kritikfähigkeit sowohl beim Aussprechen wie beim Einstecken von Kritik meist schwach ausgebildet. Doch da den FühlEntscheidern Fairness besonders wichtig ist, werden sie leicht verstehen, dass es durchaus fairer sein kann, wenn eine Mitarbeiterin oder ein Kollege rechtzeitig und in klaren Worten erfährt, wo Verbesserungsbedarf besteht, damit der Kurs noch rechtzeitig korrigiert werden kann. Wartet man hingegen zu lange mit einer konstruktiven Rückmeldung, so bleibt viel Raum für weitere Fehlleistungen. Es ist auch fairer, einen Missstand frühzeitig zu thematisieren, noch bevor sich eine Menge Ärger angehäuft hat, die dann zu unerwarteten emotionalen Ausbrüchen führt, weil der Pegel der Wut die Angst vor dem Konflikt übersteigt. Der FühlEntscheider wird auch selbst immer wieder von seinen eigenen Ausbrüchen überrascht, die ihm dann unangenehm sind und leidtun. Hier kann eine offene Kommunikation sehr konstruktiv und hilfreich sein und Wutausbrüchen vorbeugen.

So führen die FühlEntscheider

Der Führungsstil von FühlEntscheidern ist ähnlich wie ihr Kommunikationsstil: Sie führen, indem sie anderen Aufmerksamkeit schenken und für ein gutes Klima im Team sorgen. In allem, was sie tun, schwingen ihre persönlichen sozialen Werte mit. Wenn die DenkEntscheider-Chefs davon sprechen, »was logisch ist«, hört man von den FühlEntscheider-Chefs, »was uns wichtig ist«. Der Führungsstil ist eher auf Menschen ausgerichtet als auf die Sache, was die FühlEntscheider naturgemäß eher in Richtung »Leadership« bringt. Beziehungsmanagement und Teamentwicklung liegen ihnen am Herzen: FühlEntscheider denken lange darüber nach, wie sie die Arbeit unter den Kolleginnen und Kollegen verteilen und das Team besetzen können, damit die Atmosphäre im Team stimmt und dadurch optimale Leistungen erbracht werden können. FühlEntscheider-Chefs müssen dagegen manchmal erst lernen, strategisch notwendige Entscheidungen zum Wohle des Unternehmens auch gegen den Willen der Belegschaft um- und durchzusetzen. Der ehemalige TWA-Chef und Investor, Carl Icahn, soll auf eine Kritik geantwortet haben: »Wenn ich geliebt werden will, schaffe ich mir einen Hund an.« Diese humoristische Haltung könnte sich auch ein FühlEntscheider zurechtlegen, um etwas mutiger zu agieren.

Kleine Gebrauchsanleitung für FühlEntscheider

- Der FühlEntscheider benötigt vor allem zwei Dinge: Anerkennung und Harmonie. Ein sachliches, allzu geschäftsmäßiges Auftreten löst bei ihm Unbehagen aus. Er empfindet das als »kurz angebunden« und überlegt sich, ob er etwas falsch gemacht hat oder ob ihn die andere nicht mag. Wer zu einem FühlEntscheider Zugang finden will, sollte zugewandt sein, häufiger lächeln, sich nach seinem Befinden erkundigen und ihn mit seinem Namen ansprechen.
- Für den FühlEntscheider sind Gefühle wirklich wichtig, und zwar sowohl die eigenen als auch die der anderen. Er bezieht sie immer mit in seine Überlegungen ein, weshalb man seine Entscheidungen aber nicht als zu »weich« und »unvernünftig« abtun sollte. Sie sind nicht weniger rational als die von DenkEntscheidern. Der FühlEntscheider ist lediglich geneigt, die Beziehungsebene zwischen Menschen sehr ernst zu nehmen und sie genau zu betrachten. Das kann durchaus der Königsweg sein, damit ein Problem nicht entsteht oder um ein Problem nachhaltig zu lösen oder überhaupt eine Lösungsidee zu finden.
- Der FühlEntscheider mag es nicht, wenn andere zu schnell mit »rationalen« Lösungsvorschlägen aufwarten – was übrigens wohl zu den häufigsten Missverständnissen nicht nur im Team, sondern auch zwischen Männern und Frauen zählt. Vielmehr möchte der FühlEntscheider, dass andere ein Problem wirklich verstehen, und erwartet deshalb, dass sie ihm zuhören und innerlich mitgehen. Erst wenn diese Verständnisebene geschaffen ist, sollte der andere seine Ansicht formulieren und mögliche Lösungen anbieten.
- Wer einen FühlEntscheider im Team oder vor anderen kritisiert, sollte bedenken, dass dieser eher dünnhäutig ist und Kritik schnell persönlich nimmt. Damit er nicht innerlich auf

Distanz geht und die Botschaft ankommt, sollte die Kritik so formuliert werden, dass sie für den FühlEntscheider annehmbar ist und ihn nicht verletzt.

So ticken die DenkEntscheider im Job

Per Gen sind DenkEntscheider durch und durch rationale Typen. Selbst bei starkem Gegenwind können sie stehen bleiben und ganz nüchtern das Für und Wider abwägen. Gerade in kniffligen Situationen beziehungsweise solchen, die einer sehr rationalen Entscheidung bedürfen, sind die DenkEntscheider gefragt. Ihre Stärke liegt nämlich darin, die Dinge mit Abstand zu betrachten, also aus der Beobachterperspektive. Dadurch können sich oft Lösungsmöglichkeiten auftun, die man aus der Nähe und in emotionaler Involviertheit leicht übersehen hätte. Davon können alle im Team profitieren.

Im Kopf der DenkEntscheider tummeln sich Grundsätze, Geschäftsprinzipien, Kriterien, wissenschaftliche und moralische Appelle. Diese werden oft unvoreingenommen und logisch angewendet. Die DenkEntscheider denken im Sinne von Regeln und Ausnahmen und schätzen das, was logisch ist. Deshalb kommen sie leicht und schneller zu Entscheidungen.

Weil sich das Ergebnis eines rein rationalen Denkprozesses an der Sachlage orientiert, werden besondere Umstände und Auswirkungen oft nicht in die Bewertung miteinbezogen. Die innere Anteilnahme, die menschliche Seite, wird zu wenig einkalkuliert. Hier liegt die Fehlerquelle des Rationalen. DenkEntscheider tun gut daran, ihre naturgemäße Konzentration auf die Aufgabe etwas zu lockern und sich stärker mit der Gefühlswelt ihrer Mitmenschen zu befassen.

Bei starker Ausprägung kann der DenkEntscheider zwar eine geradezu »maschinenhafte« Denkleistung entwickeln, wodurch allerdings auch eine große Distanz zu Kolleginnen und Kollegen entstehen kann. Dann wirkt der DenkEntscheider auf andere kühl, unpersönlich und manchmal auch überheblich. In diesem Fall kann er den eigenen Gefühlen mehr Raum geben und eine kleine »Gefühlsinventur« machen, indem er sich fragt: Wie sieht es mit meiner Freude, Wut, Trauer, Angst, Scham, Liebe aus? Welche dieser Gefühle sind mir vertraut, welche weniger? In einem zweiten Schritt kann man die Wahrnehmung stärker auf das Gefühlsleben richten und diese Gefühle im Alltag bewusster wahrnehmen – was ja nicht damit gleichzusetzen ist, dass man jedem Gefühl nachgibt. Das kann nicht nur zu mehr Gefühlsreichtum und Lebendigkeit verhelfen, sondern hilft auch, die Gefühle der Mitmenschen besser zu verstehen.

So führen die DenkEntscheider

Der Führungsstil der DenkEntscheider ist klar und an der Sache orientiert, manchmal auch von einer gewissen Härte geprägt. Sie verfassen langfristige Pläne mit dezidierten Anweisungen, die korrekt einzuhalten sind. Es kann der DenkEntscheider-Chefin widerfahren, dass sie in ihren sachbezogenen Betrachtungen den Faktor »Mensch« zu stark vernachlässigt. Ein Vorgesetzter, der ein ausgeprägter DenkEntscheider ist, kann auf der Stelle treten, weil seine Anweisungen auf diffuse Weise versickern. In diesem Fall läuft er gegen eine unsichtbare Mauer des passiven Widerstands. Die Belegschaft ist sich einig, dass der Chef ein »Blödmann« ist, der ständig fordert, dabei aber gute Leistungen kaum würdigt. Bekommt der Chef, vor allem von den konfliktscheuen FühlEntscheidern, keine offene Rückmeldung, ahnt er nicht, dass seine Art nicht gut ankommt, denn in seiner Vorstellung handelt er zum Wohl des Teams oder Unternehmens. Ein offenes Gespräch mit ehrlichen, fairen Rückmeldungen wäre hier wichtig.

Viele DenkEntscheider tun sich mit Lob und Anerkennung schwer, weil sie meinen, es wäre überflüssig, etwas zu erwähnen, was offensichtlich ist. Auch umgekehrt fällt es dem DenkEntscheider schwer, ein persönliches Wort der Anerkennung entgegenzunehmen, das ist ihm eher peinlich. Doch inzwischen dürfte sich auch bei DenkEntscheidern herumgesprochen haben, dass Lob und Anerkennung die Mitarbeiterinnen und Mitarbeiter motivieren.

Kleine Gebrauchsanleitung für DenkEntscheider

- Der DenkEntscheider ist eher kopfgesteuert und betrachtet die Dinge mit einem gewissen inneren Abstand. Und so sind auch seine Umgangsformen: höflich, aber eben nicht ausgesprochen herzlich. Wer das nicht akzeptieren will, sondern sich bemüht, besonders charmant und herzlich zu sein, kann Abwehrreaktionen bei einem DenkEntscheider hervorrufen, denn der braucht einen gewissen Abstand: Zu viel persönliche Nähe und gezeigte Gefühle sind ihm peinlich (vor allem, wenn er auch noch introvertiert ist). Er könnte das Gegenüber auch als distanzlos und aufdringlich empfinden und/oder denken, es wolle ihn mit seinem Charme manipulieren. Aufgepasst: DenkEntscheider haben hier sehr feine Antennen.
- Der DenkEntscheider äußert Kritik zumeist direkt und unvermittelt, denn er redet nicht gern um den heißen Brei herum und ist nicht unbedingt auf Harmonie angewiesen. Ein Verbesserungsvorschlag kommt ihm schneller über die Lippen als eine Anerkennung. Er meint das überhaupt nicht böse, im Gegenteil, es ist seine Art zu helfen. Indem er einen Verbesserungsvorschlag macht oder Kritik äußert, signalisiert er, dass er sein Gegenüber ernst nimmt und sich konstruktiv mit ihm auseinandersetzt.
- Wer bei einem DenkEntscheider etwas erreichen will, sollte sachlich und konkret bleiben, also die Sache in den Vordergrund stellen und nicht zwischenmenschliche Beziehungen oder persönliche Werte. Es hilft, an seinen Verstand zu appellieren, nicht an seine Gefühle. Die Argumentation sollte sich

auf Geschäftsgrundlagen, logische Prinzipien, objektive Kriterien, Kategorien und kritische Analysen beziehen.

- Wer einen DenkEntscheider kritisieren will, sollte klar und deutlich sagen, was er meint. Nur raus mit der Sprache! Zarte Andeutungen und versteckte Appelle überhört er nämlich, weil er nicht so empfindsam ist wie FühlEntscheider. Diese unempfindliche Seite der DenkEntscheider gehört übrigens zu ihren sympathischsten Eigenschaften: Sie sind zwar nicht die Einfühlsamsten, dafür aber auch schwer zu beleidigen, selten launisch und haben ein recht dickes Fell.

Reflexion: Fühl- oder DenkEntscheider?

Sicherlich haben Sie beim Lesen mitgedacht und versucht, sich selbst als Fühl- oder DenkEntscheider einzuschätzen. Wohin tendieren Sie?

Welche typischen Eigenschaften für einen FühlEntscheider oder Denk-Entscheider nehmen Sie an sich wahr?

Haben Sie bereits einige Ihrer Kolleginnen und Kollegen zuordnen können? Oder Ihre Chefin?

FühlEntscheider

DenkEntscheider

Die vierte Dimension: organisiert oder locker

Gegenüber der Fähigkeit, die Arbeit eines einzigen Tages sinnvoll zu ordnen, ist alles andere im Leben ein Kinderspiel.

Johann Wolfgang von Goethe

Oft lässt sich schon mit einem Blick auf den Schreibtisch oder in das Büro erkennen, ob es sich um einen Organisierten oder Lockeren handelt. Im Büro des Organisierten ist es meist aufgeräumt, die Dinge befinden sich an ihrem Platz, und er verfügt über effiziente Ablagesysteme. Das Büro des Lockeren wirkt dagegen chaotisch. Da Lockere gern an mehreren Projekten gleichzeitig arbeiten, befindet sich auf ihrem Schreibtisch auch ein Sammelsurium an Unterlagen. Ein zugrundeliegendes System ist bestenfalls für den Lockeren selbst zu erkennen. Manchmal weiß er aber auch nicht, wie er Herr über die Stapel werden soll.

Organisierte sind, wie ihr Titel schon sagt, gut organisiert. Sie gehen strukturiert an Aufgaben heran und verfügen über ein gutes Zeitmanagement. Sie sind bemüht, Aufgaben zu erledigen und abzuschließen. Deswegen fällt es Organisierten auch recht leicht, Entscheidungen zu treffen – schließlich ebnet eine Entscheidung den Weg zu Struktur und Planung.

Lockere tun sich mit Entscheidungen hingegen eher schwer, was häufig auf Kosten ihrer Zeiteinteilung und Organisation geht. Der Grund ist, dass sie ausgiebige Informationensammler sind. Sie sind bestrebt, sich möglichst lange für neue und möglicherweise wichtige Informationen offenzuhalten, bevor sie eine Entscheidung treffen. Da Lockere nicht so zielorientiert sind, geben sie auch leichter Verlockungen im Umfeld ihrer momentanen Aufgabe nach und lassen sich ablenken. So verstreicht die Zeit. Und nicht selten geraten sie dann am Ende unter Zeitdruck, verspäten sich häufiger mal und – Spezialität von Lockeren – erledigen vieles auf den letzten Drücker.

Der unterschiedliche Umgang mit Zeit kann zwischen Organisierten und Lockeren leicht zu Spannungen führen: Organisierte hassen es, wenn man sie warten lässt. Sie empfinden Lockere als unorganisiert und chaotisch. Was die Organisierten besonders ärgert, ist, dass deren mangelnde Organisation häufig auf ihre Kosten geht. Lockere indessen fühlen sich von Organisierten oft unter Druck gesetzt, empfinden sie als Antreiber, als rigide und unflexibel. Diese unterschiedliche Herangehensweise an Arbeit und Aufgaben führt in der Zusammenarbeit oft zu Spannungen und birgt Stoff für zahlreiche Konflikte am Arbeitsplatz.

Die Berufs- und Arbeitswelt verändert sich schon seit einiger Zeit deutlich. War sie früher fast durchgängig von Regeln und festen Zeitstrukturen bestimmt, in denen sich ein Organisierter mühelos bewegen konnte, so findet man heute viele Arbeitszeitmodelle, die den Lockeren sehr entgegenkommen. Die Arbeitsabläufe werden flexibler und die starren Bürozeiten lockerer, man denke nur an Gleitzeitmodelle und Homeoffice, Arbeitszeitkonten und versetzte Arbeitszeiten, Jahresarbeitszeitmodelle und Funktionszeiten, Vertrauensarbeitszeit und Sabbatical. Zwar brauchen die meisten Lockeren noch immer ein gewisses Maß an Organisiertheit, um im Job zu bestehen, ihre Qualitäten wie Kreativität und Improvisation stoßen in der Arbeitswelt jedoch zunehmend auf positive Resonanz. Es ist wie bei allen Dimensionen: Die beiden Pole können sich wunderbar ergänzen.

So ticken die Organisierten im Job

Organisierte lieben das Gefühl, alles im Griff zu haben, denn sie sehnen sich nach Sicherheit und Kontrolle. Dafür haben sie Erledigungslisten erfunden und nutzen sie mit Leidenschaft. Sie notieren, was täglich oder wöchentlich zu tun ist, und freuen sich jedes Mal, wenn sie etwas erledigt haben und durchstreichen können. Entsprechend leicht fällt es ihnen auch, Entscheidungen zu fällen.

Sie sind die geborenen Manager: In Teammeetings erscheinen sie pünktlich und gut vorbereitet. Es nervt sie ziemlich, wenn ihre lockeren Kollegen zu spät kommen und schlecht vorbereitet sind. In der Planung sind sie den Lockeren oft zwei Schritte voraus und fühlen sich von deren Fragen nach möglichen Alternativen oft ausgebremst. Sie wollen die Projekte termingerecht durchziehen. In ihrem Drang nach Effizienz laufen sie Gefahr, Entscheidungen zu treffen, bevor alle relevanten Fakten auf dem Tisch liegen. Ihr Wille, Aufgaben zu erledigen, lässt sie bisweilen zu schnell und oberflächlich vorgehen. Sie sind extrem ergebnisorientiert und geben Prozessen deshalb manchmal nicht genügend Raum und Zeit, um zu einer besseren Lösung zu kommen.

Organisierte haben ein sehr gutes Zeitgefühl, das sie allerdings auch zum Sklaven ihrer eigenen Zeitvorgaben werden lassen kann. Für sie ist der Terminplan die verbindliche Struktur, in der sie sich bewegen. Das kann auf Kosten ihrer Flexibilität gehen. Vor allem wenn sie unter Stress stehen, können sie einen extremen Zeitdruck verspüren, der sie wie ein Hamster im Rad agieren lässt. Diesen Stress verströmen sie dann auch auf ihre Kolleginnen und Mitarbeiter, die sich hierdurch unter Druck gesetzt fühlen. Organisierte laufen Gefahr, zu dominant aufzutreten. Dies kann bei ihren Kollegen und Mitarbeiterinnen zu Widerständen führen.

Die unterschiedlichen Grundeinstellungen der Organisierten und Lockeren machen sich auch im Gespräch bemerkbar. Die Organisierten beurteilen gern und schnell – dies hängt mit ihrem Entscheidungs- und Erledigungsdrang zusammen. Sie vertreten klare Meinungen, die sie auch gern äußern (vor allem wenn sie extravertiert sind). Hinter ihren Sätzen steht häufig ein Ausrufezeichen. Für einen Organisierten ist eine Sache »klipp und klar!«, »definitiv!«, »absolut!«, »zweifelsfrei!«, »ganz bestimmt!«, »eindeutig!«, »offensichtlich!«, »mit den Händen zu greifen!«, »unumstößlich!« und »unverkennbar!«. Die Bestimmtheit, mit der ein Organisierter seine Meinung sagt, kann manchmal rigide oder gar anmaßend wirken. Dabei meint er es gar nicht so absolut, wie es erst mal den Anschein hat. Hier liegt ein häufiges Missverständnis vor: Da der Organisierte sich gern eine klare Meinung bildet, formuliert er sie auch entsprechend deutlich. Das heißt aber nicht, dass er rigide an seiner Meinung festhalten muss. Er ist durchaus zugänglich für Argumente und andere Ansichten, auch wenn er erst mal von seiner Meinung überzeugt ist. Er legt sich einfach gern fest – und das schlägt sich eben auch in seiner Sprache nieder.

So führen die Organisierten

Der Führungsstil von Organisierten ist ähnlich wie ihr Lebensstil: entschieden. Gerade weil Organisierte so entschlossen, ergebnisorientiert und strukturiert sind, entsprechen sie dem Stereotyp einer Führungspersönlichkeit, wie man sich einen Chef eben vorstellt. Pünktlichkeit, klare Fristen, Sollvorgaben und durchorganisierte Abläufe sind ihnen in die Wiege gelegt. Ein Organisierter fühlt sich wohl in Systemen, in denen entschlossenes Handeln und klare Abläufe gefragt sind. Vor allem extravertierte Organisierte sind starke Kommunikatoren und manchmal geradezu charismatische Führungspersönlichkeiten. Allerdings macht ihr großes Bedürfnis nach Kontrolle und Struktur sie nicht zwangsläufig zu besseren Chefs als die Lockeren. Ihre Stärke kann nämlich auch zu einer Schwäche werden, etwa wenn ihre Zielorientierung verhindert, dass sie sich neuen Informationen öffnen und dabei nicht merken, dass sie zu rigide und starr an ihrem ursprünglichen Plan festhalten. Gerade in einer Führungsposition ist es wichtig, nicht mit zu rigiden Vorstellungen an den Bedürfnissen der Mitarbeiter vorbei handeln. Dabei sind Organisierte durchaus aufgeschlossen für Neues. Es fällt ihnen einfach nur schwer, flexibel auf Unerwartetes zu reagieren. Wenn die Dinge nicht so laufen, wie sie sich das vorgestellt haben, verlieren organisierte Chefs schnell die Nerven, vor allem wenn sie auch noch extravertiert sind. Das kann ihre Autorität untergraben.

Kleine Gebrauchsanleitung für Organisierte

- Grundregel Nummer 1: Pünktlichkeit! Der Organisierte wird zur verabredeten Zeit da sein, und er hasst es zu warten.
- Dieser Typ braucht einen Plan und hat einen Plan – er will wissen, wo es langgeht. In ihm baut sich eine unangenehme Spannung auf, wenn Dinge zu lange in der Schwebe bleiben und keine Entscheidung getroffen wird. Deshalb sollte man ihn nicht zu lange hinhalten.
- Wenn der Organisierte etwas nicht leiden kann, sind es ewige Bedenkenträger, die durch beständiges Abwägen jegliche Entscheidung sabotieren.
- Ein Organisierter, vor allem wenn er extravertiert ist, kann sehr bestimmt auftreten. Er hat zumeist eine genaue Vorstellung davon, was richtig und was falsch ist. Doch von seiner Entschlossenheit sollte sich niemand abschrecken oder gar einschüchtern lassen. Denn er ist für andere Ansichten und Argumente aufgeschlossener, als es erst mal den Anschein haben mag.
- Organisierte lieben Ordnung – das gilt nicht nur für ihren Schreibtisch, sondern für die ganze Arbeitsumgebung.

So ticken die Lockeren im Job

Sind die Organisierten eher ergebnisorientiert und haben das Ziel im Auge, so sind die Lockeren eher prozessorientiert, also am Weg zum Ziel interessiert. Von Natur aus offen und neugierig legen sich die Lockeren nicht gern fest. Solange noch eine Option offen ist, fällen sie lieber keine Entscheidung. An Zeitpläne und Termine halten sie sich nicht gern, Erledigungslisten sind für sie bestenfalls ein notwendiges Übel für Erfolg, aber keine Herzensangelegenheit.

Im Spontanmodus hingegen blühen die Lockeren auf. Deshalb kann man sie in Besprechungen sehr gut einbinden und Topergebnisse erzielen, wenn es offene Formate und spontane Rückmelderunden gibt. Bei kurzfristig auftretenden Problemen oder Engpässen laufen Lockere zur Höchstform auf und zeigen mit großer Kreativität oder als Retter in letzter Sekunde ihre wahre Stärke.

Auch an der Sprache kann man die Lockeren erkennen. Hinter ihren Sätzen steht – anders als bei den Organisierten das Ausrufezeichen – eher ein Fragezeichen oder drei Pünktchen … Typisch sind Formulierungen wie »Man könnte das so oder so sehen …«, »Vielleicht …«, »Möglicherweise …«, »Soviel ich weiß, …«, »Ich könnte mich irren, aber …«, »Wahrscheinlich …«, »Alles ist relativ …«, »Vermutlich …«, »Gewissermaßen …«, »Das kann man auch anders sehen …« etc. Der Lockere ist grundsätzlich eher gewillt, seine Position zu verändern. Er ist offener für Einwände und Zwischenrufe. Wie auch sonst ist er einfach flexibler und richtet seinen Blick auf Neues.

Ist die Eigenschaft »locker« stark ausgeprägt und nicht durch ein Handwerkszeug des Zeitmanagements kultiviert, ist der Konflikt vorprogrammiert. Dann lassen die Lockeren vieles vage und undefiniert, was zu erheblichen Irritationen vor allem in der Zusammenarbeit mit Organisierten führen kann. Während diese sich Vereinbarungstreue zu eigen machen, betrachten die Lockeren festgesetzte Termine lediglich als Richtlinien. Das ist die Ursache dafür, dass Lockere oft als unzuverlässig und unpünktlich gelten. Dabei kann sich aus der Kombination von beiden Vertretern eine geniale Kooperationsallianz entwickeln, auch was wichtige Entscheidungen betrifft. Denn Lockere ziehen es vor, sich möglichst viele Optionen offenzuhalten – um dann doch nicht zu entscheiden. Manche sagen sogar: Eher entscheiden die Umstände, als dass sich ein Lockerer festlegt.

Die Lockeren ihrerseits sollten wissen, dass Organisierte manchmal Vorschläge von ihnen spontan ablehnen, weil es den Abschluss der Arbeit verzögern würde. Wieder eine neue Idee (gerade in der Endphase von Projekten) kann auf die Organisierten wie eine Bremse wirken. Doch mit etwas Hartnäckigkeit und guten Argumenten lässt sich der Organisierte oft noch zu einer »Denkschleife« bewegen.

So führen die Lockeren

Der Führungsstil der Lockeren ist ähnlich wie ihr Lebensstil: Ihr Weltbild ist nach allen Seiten offen. Was der Organisierte eher mit »entweder – oder« beschreibt, das ist für den Lockeren das »sowohl – als auch«. Der lockere Chef fühlt sich durch Struktur und Ordnung eher in seiner Freiheit eingeschränkt. Er wird in Besprechungen und Sitzungen unstrukturiert vorgehen und dem Moment mehr Raum geben. Als Krisenmanager zieht er das Unvorhergesehene gegenüber dem Geplanten vor. Die Stärke der lockeren Chefin ist, dass sie Anordnungen eher skeptisch gegenübersteht. Ihr Motto ist: »Regeln sind da, um gebrochen zu werden.« Und das zieht der lockere Vorgesetzte durch. Das Büro eines Lockeren wirkt manchmal sehr chaotisch mit vielen Stapeln und offenen Ordnern. Manchmal versteht auch der lockere Chef selbst sein Ablagesystem nicht. Deshalb kann ein Vorzimmer, das mit einem Organisierten besetzt ist, ein großer Segen sein.

Auch als Chef arbeitet der Lockere am besten unter Zeit- und Termindruck. Dann kann er zu Höchstleistungen auflaufen und äußerst exakt und voller Energie durcharbeiten – und wie ein Organisierter hervorragende Ergebnisse abliefern.

Eine lockere Führungskraft kontrolliert nicht gern und lässt sich auch nicht gern kontrollieren. Starre Handlungsanweisungen empfindet der Lockere als Zwang, und unflexible Strukturen versucht er, mit Hilfe von »Lücken im System« zu umgehen. Er sucht den »kleinen Dienstweg«, spricht mit den Kolleginnen und Mitarbeitern, überspringt auch mal Hierarchieebenen, um ans Ziel zu kommen. Das hat gravierende Auswirkungen auf die Organisierten, die sich an die Vorgaben halten. Sie haben oft das Nachsehen, weil die Lockeren – oft ohne dass sie es bewusst möchten – durch die Nichteinhaltung von Regeln und Terminen Macht innerhalb des Systems ausüben.

Kleine Gebrauchsanleitung für Lockere

- Lockere sammeln viele Informationen – und entscheiden sich dann doch nicht gern. Wer sie zu einer Entscheidung drängen will, löst bei ihnen eher Trotz aus. Geduld und Gelassenheit sind gefragt – und die Einsicht, dass schnelle Entscheidungen nicht immer die besten sind und sich das eine oder andere Problem durchaus durch »Aussitzen« lösen kann.
- Wer mit einem Lockeren verhandeln möchte, sollte ihm mehrere Möglichkeiten anbieten, aus denen er wählen kann. Trotzdem wird er noch viele Fragen zu den einzelnen Vorschlägen stellen – und wird sich nicht so schnell festlegen.
- Wenn der Lockere in einer Besprechung mit seiner Aufmerksamkeit mal abschweift, sollte man es nicht persönlich nehmen. Er ist eben neugierig, kreativ und etwas verspielt. Er kommt schnell wieder zur Sache, wenn man ihn freundlich darauf hinweist.

- Wenn ein Lockerer weiß, wie wichtig dem anderen Verbindlichkeit, Pünktlichkeit und Ordnung sind, kann er sich leichter darauf einstellen und sich zumindest darum bemühen.

Reflexion: organisiert oder locker?

Sicherlich haben Sie beim Lesen mitgedacht und versucht, sich selbst als eher organisiert oder locker einzuschätzen. Wohin tendieren Sie?

Welche typischen Eigenschaften für einen Organisierten oder eine Lockere nehmen Sie an sich wahr?

Haben Sie bereits einige Ihrer Kolleginnen und Kollegen zuordnen können? Oder Ihre Chefin?

Organisierte

Lockere

Die vier psychologischen Dimensionen

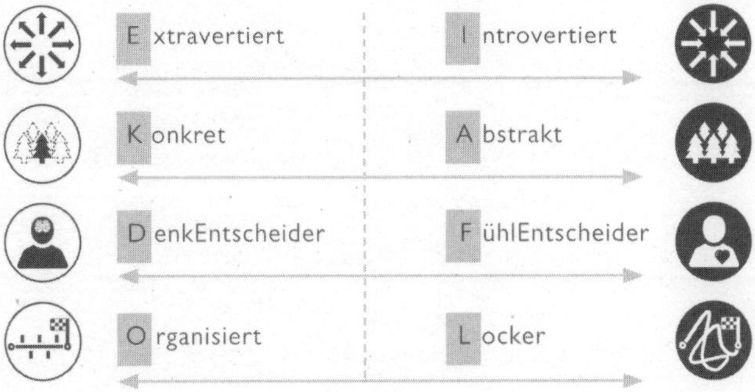

Die Abkürzungen auf einen Blick

E: Extravertiert
Extravertierte sind gesellig und lieben die Abwechslung. Sie schöpfen Energie aus dem Kontakt mit anderen Menschen.

I: Introvertiert
Introvertierte mögen ihre Ruhe und brauchen Zeit für sich allein, um Kraft zu schöpfen.

K: Konkret
Konkrete sind Pragmatiker mit einem sehr guten Blick für Details. Sie interessieren sich mehr für die handfesten Fakten als für die Theorien.

A: Abstrakt
Abstrakte interessieren sich für Theorien und die großen Zusammenhänge. Sie suchen nach den Verbindungen zwischen den Dingen.

D: DenkEntscheider
DenkEntscheider sind analytisch und sachorientiert. Bei Entscheidungen lassen sie sich von faktischen Notwendigkeiten leiten.

F: FühlEntscheider
FühlEntscheider sind auf Harmonie und Ausgleich bedacht. Sie bedenken bei ihren Entscheidungen immer auch die Konsequenzen für andere.

O: Organisierte
Organisierte wollen Dinge zum Abschluss bringen und sind daher gut strukturiert. Sie haben ein gutes Zeitmanagement.

L: Lockere
Lockere Typen sind flexibel und anpassungsfähig. Sie haben eher Angst etwas zu verpassen als eine Sache nicht zum Abschluss zu bringen.

Der Persönlichkeitstest

Sie haben nun über Ihre Neigungen reflektiert, haben versucht, Ihr berufliches Umfeld in die einzelnen Dimensionen einzuordnen. Bevor Sie die vier Kernpersönlichkeiten und anschließend die 16 Typen besser kennenlernen, bitten wir Sie, den Persönlichkeitstest zu absolvieren.

Wir haben die Fragen speziell auf das Thema Arbeit zugeschnitten. Haben Sie den Persönlichkeitstest aus dem Buch »So bin ich eben!« oder auf der Homepage www.stefaniestahl.de bereits gemacht und kennen Ihr Profil, können Sie damit selbstverständlich weitermachen und direkt zu Ihrer Kernpersönlichkeit und Ihrem Typ springen.

Entschließen Sie sich bitte möglichst spontan für eine der beiden Antworten. Fällt Ihnen die Entscheidung für eine Präferenz schwer, fragen Sie sich bitte, welche Alternative eher Ihren Vorlieben beziehungsweise Ihrem ursprünglichen Verhalten entspricht. Können Sie sich gar nicht entscheiden, lassen Sie die Frage ausnahmsweise unbeantwortet.

Notieren Sie sich Ihre Antworten am besten separat auf einem Zettel (1a, 2b etc.), damit Sie den Test mehrfach und unvoreingenommen sowie mit anderen Menschen machen können. Außerdem ist er so einfacher auszuwerten. Und nun viel Spaß dabei!

Die Fragen

Frage 1: Die folgende Aussage trifft auf mich eher zu:

a) Es passiert mir häufiger, dass ich etwas auf den letzten Drücker erledige.
b) Meistens habe ich eine gute Zeiteinteilung.

Frage 2: Ich bevorzuge eher eine Arbeit,

a) bei der soziale Fähigkeiten und Einfühlungsvermögen gefragt sind.
b) bei der rationales Handeln und analytisches Denken gefragt sind.

Frage 3: Wenn ich privat bastle oder handwerke,

a) tue ich dies sorgfältig und genau.
b) tue ich dies eher »Pi mal Daumen«.

Frage 4: Meine Kolleginnen und Kollegen würden mich eher beschreiben als

a) zurückhaltend und ruhig.
b) redselig und offen.

Frage 5: Meine Stärke liegt eher darin,

a) flexibel auf Unerwartetes zu reagieren.
b) gut zu organisieren.

Frage 6: Ich würde mich eher

a) als Gefühlsmenschen bezeichnen.
b) als Kopfmenschen bezeichnen.

Frage 7: Arbeiten, die viel Geduld und Sorgfalt erfordern,

a) können mich auch entspannen.
b) sind für mich eher eine Quälerei.

Frage 8: Während eines Teammeetings

a) wäge ich gründlich die Relevanz meines Beitrags ab, bevor ich mich äußere.

b) bringe ich gern viele Gedanken und Ideen ein.

Frage 9: In meiner Privatwohnung

a) nehme ich es mit der Ordnung eher locker.

b) nehme ich es mit der Ordnung ziemlich genau.

Frage 10: Die folgende Aussage trifft auf mich eher zu:

a) Ich habe sehr feine Antennen für die Gefühle meiner Mitmenschen.

b) Fehler springen mir sofort ins Auge.

Frage 11: Wenn ich mich entscheiden müsste, würde ich mich bezeichnen als

a) Realisten.

b) Idealisten.

Frage 12: Meine Mittagspause

a) verbringe ich lieber allein, um mich zu entspannen.

b) verbringe ich lieber mit netten Kolleginnen und Kollegen.

Frage 13: Für mich gilt eher:

a) Arbeit und Freizeit sind bei mir nicht so klar voneinander getrennt.

b) Erst die Arbeit, dann das Vergnügen.

Frage 14: Folgende Redewendung entspricht mir eher:

a) Lass Gnade vor Recht ergehen!

b) Hart, aber gerecht!

Frage 15: Ich habe eher
a) eine praktische Ader.
b) eine philosophische Ader.

Frage 16: In meiner Freizeit bevorzuge ich eher
a) ein gutes Buch oder einen schönen Film.
b) ein soziales Event oder ein Gespräch.

Frage 17: Ich arbeite am effektivsten
a) am Ende, wenn die Zeit drängt.
b) im Vorfeld, wenn ich weiß, dass mir noch genügend Zeit bleibt.

Frage 18: In meinen Beziehungen lege ich eher viel Wert auf
a) Wahrheit und Gerechtigkeit.
b) Harmonie und Mitgefühl.

Frage 19: Ich arbeite lieber in einem Bereich,
a) in dem es auf Genauigkeit und Faktenwissen ankommt.
b) in dem viele neue Ideen und Konzepte gefragt sind.

Frage 20: Bei längeren Arbeiten, die ich allein durchführen muss,
a) kann ich sehr lange und konzentriert für mich arbeiten.
b) brauche ich zwischendurch Kontakt zu anderen Menschen (auch durch soziale Medien).

Frage 21: Langfristige Pläne geben mir das Gefühl,
a) meine Flexibilität zu blockieren.
b) alles im Griff zu haben.

Frage 22: Es passiert mir eher,
a) dass ich meinen Standpunkt zu wenig behaupte.
b) dass ich auf Konfrontationskurs bin.

Frage 23: Es macht mir in einem Projekt mehr Spaß,

a) für die konkrete Umsetzung zu sorgen.
b) innovative Ideen dafür zu entwickeln.

Frage 24: Es liegt mir eher,

a) im Team oder mit Kundinnen und Kunden zu arbeiten.
b) für mich allein oder höchstens zu zweit zu arbeiten.

Frage 25: Unangenehme Erledigungen im Alltagsleben

a) schiebe ich gern mal auf die lange Bank.
b) packe ich meistens an, um sie hinter mich zu bringen.

Frage 26: Wenn ich Arbeitskolleginnen und -kollegen einschätze, tue ich das eher

a) subjektiv und persönlich.
b) objektiv und sachlich.

Frage 27: Wenn ich spazieren gehe, dann

a) nehme ich viel von der Umgebung wahr.
b) passiert es mir leicht, dass ich in Gedanken ganz woanders bin.

Frage 28: Wenn ich auf mein Entwicklungspotenzial schaue, dann

a) dürfte ich etwas risikobereiter und entschlussfreudiger werden.
b) dürfte ich mich in Geduld und Gründlichkeit üben.

Testauswertung

1a L	8a I	15a K	22a F
1b O	8b E	15b A	22b D
2a F	9a L	16a I	23a K
2b D	9b O	16b E	23b A
3a K	10a F	17a L	24a E
3b A	10b D	17b O	24b I
4a I	11a K	18a D	25a L
4b E	11b A	18b F	25b O
5a L	12a I	19a K	26a F
5b O	12b E	19b A	26b D
6a F	13a L	20a I	27a K
6b D	13b O	20b E	27b A
7a K	14a F	21a L	28a I
7b A	14b D	21b O	28b E

Typenlehre auf den Punkt: vier Kernpersönlichkeiten

Wer sich mit den vier Dimensionen der Typenlehre befasst, kann ein tieferes Verständnis von sich selbst und seinen Mitmenschen gewinnen, ja sogar von der Architektur der menschlichen Psyche. Dies liegt an der starken Dynamik, die diese vier psychologischen Dimensionen untereinander entfalten. Die einzelnen Dimensionen existieren nicht einfach nur nebeneinander, sondern beeinflussen sich gegenseitig. Wenn man Präferenzen, wie beispielsweise Extraversion und FühlEntscheider, zusammenfügt, dann ergibt sich daraus ein ganz bestimmter Persönlichkeitsstil: Extravertierte FühlEntscheider sind sehr zugewandt, liebenswürdig, empathisch, redefreudig und offen. Sie sind gute Menschenkenner und interessieren sich insbesondere für zwischenmenschliche Themen. Sie verfügen über ein reiches Gefühlsleben, wobei sie manchmal auch unter Stimmungsschwankungen leiden usw. Die introvertierten DenkEntscheider, wie wir sie beispielsweise bei den Freiheits- oder Strategieministern vorfinden, ticken völlig anders. IDs wirken im Kontakt wesentlich distanzierter als EFs. Es sind jene Typen, von denen man sagt, man komme schwer an sie heran. Als Introvertierte sind sie ohnehin nicht die Redseligsten, und die zurückhaltend-distanzierte Art der DenkEntscheider kann ihre Verschlossenheit verstärken – zumindest, wenn es um persönliche Themen geht. In Bezug auf Sachthemen sind sie häufig brillante Analytiker, was sie durchaus in Redelaune versetzen kann. IDs und EFs haben also ein fast konträres Kontaktverhalten – die einen warm und zugewandt, wenn auch leicht empfindlich, die anderen eher distanziert, dafür mit deutlichem Tiefgang. Noch viel komplexer wird es, wenn man auch die anderen Dimensionen abstrakt/konkret und locker/organisiert hinzufügt.

Bevor wir zu der komplexen Beschreibung der 16 Typen kommen, wollen wir die Typenlehre zunächst auf einen wesentlichen

Kern reduzieren. Das macht es für den Anfang leichter. So haben David Keirsey und Marilyn Bates herausgefunden, dass man in der Typenlehre vier Kernpersönlichkeiten unterscheiden kann. Sie teilen die 16 Typen in vier Temperamente auf. Keirsey und Bates haben diese vier Temperamente in ihrem Buch *Please understand me*, das auch in einer deutschen Übersetzung (*Versteh mich bitte!*) existiert, mit den vier Temperamenten verglichen, die der griechische Arzt Hippokrates bereits in der Antike postulierte. Wer tiefer in diesen Vergleich einsteigen möchte, dem sei das entsprechende Buch empfohlen. Wir wollen es an dieser Stelle bei dem Verweis belassen und uns lediglich auf die Temperamente, die die Typenlehre beschreibt, beziehen und sie Kernpersönlichkeiten nennen.

Das Verständnis der vier Kernpersönlichkeiten stellt sowohl eine Vertiefung des Wissens über unsere Persönlichkeitstypen als auch eine Vereinfachung dar. Vertiefung, weil man damit den Kern der Persönlichkeiten erfassen kann – Vereinfachung, weil sie die Diversität von 16 Typen auf vier reduziert. Insofern sind die vier Kernpersönlichkeiten eine Art Abkürzung zum Typenverständnis.

Die Grundlage unserer Persönlichkeit bildet laut Typenlehre unsere Wahrnehmung, weil diese unser Bewusstsein ausmacht. Egal, ob wir also Intro oder Extra, Fühl- oder DenkEntscheider sind, grundlegend ist, wie wir die Welt und die Menschen da draußen wahrnehmen – oder anders ausgedrückt: in welcher Art und Weise wir Informationen sammeln. Die Wahrnehmungsdimension ist abstrakt oder konkret. Wir erinnern: Abstrakte sehen die Welt eher in Konzepten als in ihren Details – sie nehmen stärker das ganze Bild in sich auf, sie sind also eher geneigt, den Wald und nicht den einzelnen Baum zu sehen, und sie denken die Gegenwart von der Zukunft her. Aufgrund dieser Wahrnehmung ist es für den Abstrakten wichtiger, wie er die wahrgenommene Information *bewertet*, als was er mit ihr *macht*. Seine Wahrnehmungsinhalte werden also durch die Denk- beziehungsweise FühlEntscheider-Präferenz gefiltert.

Hieraus ergeben sich zwei der vier Temperamente, nämlich Abstrakt/DenkEntscheider (AD) oder Abstrakt/FühlEntscheider (AF).

Nimmt man die Welt hingegen konkret wahr, dann ist man geneigt, mehr auf die einzelnen Bestandteile als auf das Muster zu fokussieren. Die Konkreten denken die Zukunft eher als Ausläufer der Gegenwart. Hieraus ergibt sich die Frage, was ich mit dieser Information *mache*. Das Tun ist, laut der Typenlehre, die Antriebskraft der Konkreten. Und weil die Konkreten eben konkret denken, interessiert sie die Handlung sehr viel mehr als die Bewertung, die für die Abstrakten bedeutsamer ist. Die Art zu handeln manifestiert sich in der organisierten (O) oder lockeren (L) Einstellung zur Welt. Hieraus ergeben sich die anderen beiden Kernpersönlichkeiten konkret/organisiert und konkret/locker.

Die vier Kernpersönlichkeiten sind also:
ADs: die Strategen (IADL; EADL; IADO; EADO),
die sich vor allem durch Kompetenz auszeichnen.
AFs: die Idealisten (IAFL; EAFL; IAFO; EAFO),
die sich vor allem durch Selbstreflexion auszeichnen.
KOs: die Traditionalisten (IKFO; EKFO; IKDO; EKDO),
die sich vor allem durch Verantwortung auszeichnen.
KLs: die Experimentierer (IKFL; EKFL; IKDL; EKDL),
die sich vor allem durch ihr Freiheitsbedürfnis auszeichnen.

Die Strategen: ADs # Kompetenz

Große Fähigkeiten allein genügen nicht:
Man muss sie auch gebrauchen.
François de La Rochefoucauld

Die abstrakte Wahrnehmung (A) der Strategen bewirkt, dass sie sich für das große Bild und nicht für dessen Besonderheiten interessieren. Als DenkEntscheider (D) filtern sie die Information durch einen rationalen, analytischen Denkprozess. Ihre treibende Kraft ist ihr unermüdliches Streben nach Kompetenz. Sie analysieren und hinterfragen fast alles: Warum besteht diese Regel? Wie genau funktionieren die Dinge? Was könnte man noch besser machen?

Strategen haben wenig Respekt vor Autoritäten. Ihren Respekt erlangt man durch Kompetenz und nicht durch die gesellschaftliche oder berufliche Position. Von allen Typen sind sie am unabhängigsten von äußerer Anerkennung. Deswegen tummeln sich viele Freigeister und Reformer unter ihnen, wie beispielsweise Napoleon Bonaparte, Stephen Hawking, Golda Meir und andere.

Man sagt den AD-Typen eine gewisse Genialität nach. Sie sind hervorragende Analytiker abstrakter und vielschichtiger Sachverhalte. Aufgrund ihrer abstrakten Wahrnehmung richten sich ihre Gedanken vor allem auf die Zukunft aus. Das macht sie zu erfolgreichen Problemlösern, und zwar immer dort, wo es um die Erfassung und Verbesserung komplexer Systeme geht. Sie sind in der Lage, Systeme ganzheitlich zu erfassen und auch die Strukturen und Dynamiken der Subsysteme zu erkennen. Aufgrund ihrer analytischen DenkEntscheider-Fähigkeiten bewerten sie alles von einem unpersönlichen, nüchternen Standpunkt aus. Die Strategin möchte entwerfen und planen und für Innovation sorgen, ansonsten fühlt sie sich in ihren Fähigkeiten nicht gewürdigt. Routine- und Detailarbeiten widerstreben ihr hingegen. Wenn eine AD-Managerin beauftragt wird, etwas Neues zu entwerfen, geht sie mit Begeisterung an die Arbeit. Der Elan verliert sich jedoch, sobald der Entwurf ausgereift ist. Die Umsetzung überlässt sie dann gern anderen. Dies kann dazu führen, dass ihre Entwürfe nicht zu ihrer Zufriedenheit ausgeführt werden.

In ihrem Bestreben nach Kompetenz sind Strategen äußerst ehrgeizig und wettbewerbsorientiert. Sie lieben Herausforderungen und messen sich gern mit anderen. Allerdings setzen sie ihre eigenen Maßstäbe – und die sind verdammt hoch. Es reizt sie nicht nur, ihre eigenen Grenzen immer wieder neu zu stecken, sondern auch das System, in dem sie wirken, zu testen. Da sich Strategen vor allem an der Sache und an logischen Prinzipien orientieren, versäumen sie mitunter, die Gefühle ihrer Mitarbeiterinnen und Kollegen zu registrieren. Manche von ihnen werden deswegen als distanziert, gefühllos und unnahbar wahrgenommen. Hierdurch kann es passieren, dass sie im Team oder Unternehmen trotz ihrer guten intellektuellen Fähigkeiten in eine soziale Außenseiterposition geraten. Strategen sollten sich bewusstmachen, dass eine gute persönliche Ebene im Team viele Arbeitsabläufe enorm vereinfacht. Ein besserer Kontakt zu den eigenen Gefühlen und somit auch zu den Gefühlen der anderen trägt außerdem zu mehr Erlebnisreichtum und somit zur Persönlichkeitsentwicklung bei.

Der Umgang mit ADs kann manchmal etwas anstrengend sein, weil sie teils bewusst, teils unbewusst eine Atmosphäre intellektuellen Wettbewerbs herstellen. Sie fordern ihr Gegenüber heraus, indem sie dessen Meinungen, Vorschläge, Entwürfe mit vielen kritischen Zwischenfragen nach dem Warum und Wieso traktieren. Sie spielen gern mal des Teufels Anwalt und finden mit ihrem kritischen Blick auch schnell das Haar in der Suppe. Allerdings hat der Stratege bereits Respekt, wenn er kampflustig diskutiert – er hat einen nämlich für einen Schlagabtausch als würdig befunden. Mit Leuten, die der Stratege als unterlegen einschätzt (und das sind nicht wenige), diskutiert er nämlich gar nicht erst, es sei denn, der berufliche Kontext erfordert es unbedingt. Die Kehrseite ihrer brillanten Fähigkeiten ist nämlich, dass sie (nicht alle!) eine gewisse Arroganz ausstrahlen. Weil sie sich jedoch recht unabhängig von der Sympathie anderer Menschen fühlen, machen sie sich auch nicht viel aus dem Urteil der anderen. Das gilt insbesondere für introvertierte ADs.

Das Zwischenmenschliche spielt in ihrem Führungsstil eine eher nebensächliche Rolle. Die objektiv-analytische Sachebene steht im Vordergrund ihrer Kommunikation. Allerdings sind nicht viele in der Lage, den Strategen zu folgen, weil AD-Managerinnen und

AD-Manager, vor allem, wenn sie introvertiert sind, recht knapp kommunizieren. Sie wollen sich nicht wiederholen, und es widerstrebt ihnen, zu viele Erklärungen abzugeben, weil sie befürchten, ihre Zuhörerinnen und Zuhörer könnten sie für inkompetent halten. Ihre Ausdrucksweise ist mithin knapp und mit vielen Fachausdrücken angereichert, so dass Teammitglieder schnell den roten Faden verlieren. Falls diese Zeilen auf Sie zutreffen, machen Sie sich bewusst, dass es ein Zeichen großer Kompetenz ist, komplexe Sachverhalte verständlich darzustellen. Außerdem liegt es auf der Hand, dass ein Team wesentlich effizienter und kreativer arbeiten kann, wenn es versteht, worum es genau geht.

Aufgrund der enorm hohen Ansprüche, die Strategen an sich stellen, setzen sie nicht nur sich selbst unter Druck, sondern auch ihr Team. Die Kehrseite ihrer hohen Erwartungen sind nämlich Versagensängste, die sie jedoch, wenn überhaupt, nur ganz engen Vertrauten gegenüber formulieren. Keirsey und Bates schreiben in *Versteh mich bitte!* über den AD: »Er prüft ständig den Puls seines Könnens und misst stündlich die Temperatur seines Auffassungsvermögens.« Vor eine neue und wichtige Aufgabe gestellt, können den Strategen starke Selbstzweifel befallen, es *diesmal* wirklich nicht zu schaffen – was sogar zu gewissen Lähmungen auf der Handlungsebene führen kann. ADs, die sich in diesen Zeilen wiedererkennen, dürfen lernen, sich in ihrer Selbstkritik zu mäßigen. Hierfür sollten sie sich, am besten schriftlich, immer wieder klarmachen, welche Erfolge sie bereits erzielt haben und über welche Fähigkeiten sie verfügen. Diese wohlwollende Einstellung gegenüber sich selbst sollten sie dann auch auf ihre Mitarbeiter und Kolleginnen übertragen. Denn auch bei diesen geht ihnen leichter eine Kritik als ein Lob von der Zunge. Doch Mitarbeiter, die sich nicht wertgeschätzt fühlen, engagieren sich weniger oder kündigen irgendwann innerlich oder auch tatsächlich.

Die Strategen sollten auch aufpassen, dass sie sich in ihrer strategischen Planung nicht verlieren und hierüber das Tagesgeschäft aus den Augen verlieren. Deshalb sollten sie sich immer mal wieder fragen, was heute oder diese Woche konkret anliegt. Hierbei können ihnen auch Mitarbeiterinnen und Kollegen helfen, die über eine konkrete Wahrnehmung (K) verfügen und am besten auch noch gut organisiert (O) sind.

Strategen sind die geborenen Führungspersönlichkeiten und man findet sie auch häufig in gehobenen Managementpositionen. Wolfgang Reitzle ist so ein zeitgenössischer Stratege. Als Linde-Aufsichtsratschef hat Reitzle gegen alle Widerstände die Fusion mit dem US-Konkurrenten Praxair zum Weltmarktführer für Industriegase durchgeboxt.

Die Idealisten: AFs # Selbstreflexion

Idealist sein heißt Kraft haben für andere.

Novalis

Die Idealisten betrachten die Welt durch die Brille der Möglichkeiten (abstrakt) und beurteilen sie gefühlsmäßig (FühlEntscheider). Ihre persönlichen Werte bilden die Grundlage ihrer Entscheidungen, ihr Augenmerk gilt ihren Mitmenschen. Die Idealisten sind die geborenen Leader (Leadership). Ihre Genialität liegt am Anfang jeder Unternehmensgeschichte mit scharfem Blick in eine goldene Zukunft. Sie verstehen es, in der Visionsphase einer Unternehmensidee die Weichen zu stellen und viele Menschen hinter sich zu versammeln, um den Weg in eine erfolgreiche Zukunft zu gestalten. Idealisten streben nach Authentizität und Selbstverwirklichung. Ihnen ist die Selbstreflexion in die Wiege gelegt: Sie können sich ein Leben ohne ein beständiges Selbstreflektieren gar nicht vorstellen und finden es völlig unbegreiflich, dass es Menschen gibt, die sich hierfür nicht interessieren. Die persönliche Weiterentwicklung und Selbstverwirklichung ist quasi der Lebensinhalt von Idealisten. Dabei sind sie alles andere als egozentrisch – im Gegenteil: Sie möchten im höchsten Einklang mit ihren tiefen humanitären Werten leben. Es ist quasi ihre Mission, von sich und anderen so viel wie möglich zu verstehen und menschliches Potenzial – das eigene wie das von anderen – aufzuspüren und zu fördern. Aus diesem Grunde sind sie faszinierende Persönlichkeiten an der Spitze von Unternehmen. Man könnte sagen, Unternehmen sind der verlängerte Schatten eines einzigen Idealisten.

AFs nehmen eher das Gute als das Schlechte im Menschen wahr und wollen das Beste aus ihnen herausholen. Sie sehen die Entwicklungsmöglichkeiten der Firma und das Potenzial ihrer Mitarbeiterinnen und Mitarbeiter. Hierbei haben sie ein gutes Näschen für zukünftige Trends und sind erfolgreiche Projekt- und Konzeptentwickler. Bei der Umsetzung ihrer Projekte sind sie hervorragende Motivatoren, die jeden im Team nach seinen Talenten einsetzen und fördern. Ihre Begeisterung wirkt auf viele ansteckend. Mit ihrer visionären Kraft und ihrem Enthusiasmus können sie sprichwörtlich Berge versetzen. Als eine der bekanntesten und strahlendsten Führungspersönlichkeiten unserer Zeit galt sicherlich Steve Jobs von Apple. Er blickte weiter voraus als alle anderen Zeitgenossen. Er veränderte mit seinen Produkten sogar ein bisschen die Welt, und aus seiner anfänglichen Garagenfirma wurde das wertvollste Unternehmen der Welt.

Idealisten findet man vorwiegend in Berufen, die im Dienste der Menschheit stehen, als Lehrer, Psychologen, Berater, Geistliche und in all jenen Jobs, in denen sie ihre Ideale und tiefen humanitären Werte einbringen können. Die Naturwissenschaften und kaufmännische Berufe ziehen sie hingegen weniger an. Ihre hohe Sprachbegabung verbindet sich bei den extravertierten AFs mit einem starken Bedürfnis nach Kontakt und zwischenmenschlicher Kommunikation. Dadurch können diese eine geradezu charismatische Eloquenz entfalten. Die Introvertierten unter ihnen lieben hingegen das geschriebene Wort, weshalb viele Schriftsteller introvertierte Idealisten sind.

Idealisten sind zugewandt und warmherzig, sie interessieren sich aufrichtig für ihre Kolleginnen und Kollegen. Das macht es für diese jedoch manchmal schwer, ihnen zu widersprechen, wenn sie anderer Meinung sind. Hinzu kommt, dass Idealisten oft sehr überzeugend auftreten, vor allem, wenn sie extravertiert sind. Dabei liegt ihre Fehlerquelle naturgemäß in ihrer idealistischen Einstellung zur Welt und zu den Menschen. Ihre konkrete Wahrnehmung und ihre DenkEntscheidung sind hingegen weniger geübt. Sie sind von allen Kernpersönlichkeiten die größten Optimisten. Die kritische Detailwahrnehmung, der nüchterne Blick auf die reale Faktenlage zählen mithin nicht zu ihren Stärken. Deswegen ist es für Idealisten wichtig, sich gezielt immer wieder dem zuzuwenden, was ihnen am wenigsten liegt, nämlich der konkreten Sachlage. Verträge sollten gelesen werden, Gebrauchsanleitungen manchmal auch. Falls Sie sich hier angesprochen fühlen, üben Sie sich in Disziplin und befassen Sie sich auch mit Tätigkeiten, die Ihnen wenig Spaß machen, also mit einer kritischen Prüfung von Fakten und Details. Oder delegieren Sie diese Aufgabe an einen Mitarbeiter, dem Sie vertrauen.

Idealisten verfügen über eine gute Menschenkenntnis und viel Einfühlungsvermögen. Oft können sie andere mit außerordentlicher Genauigkeit einschätzen und tun viel für eine harmonische Stimmung im Team. Sie sind die geborenen Therapeuten und Berater und üben diese Tätigkeit auch häufig aus. Manchmal können sie sich aber nur schwer von den Sorgen ihrer Kolleginnen und Kollegen abgrenzen.

Einem Idealisten widerstrebt es, einen Job nur wegen des Geldes auszuüben. Er möchte ein bedeutungsvolles Leben führen. Ein Fisch unter vielen im Teich zu sein ist so gar nicht seine Sache. In seinem Bemühen um Selbstverwirklichung und einen höheren Lebenssinn ist er nämlich nicht ganz unbescheiden. Er engagiert sich sehr für andere Menschen und die Dinge, die er tut, benötigt aber auch ausreichend Anerkennung, denn er ist von der Zuwendung seiner Mitmenschen abhängiger als der Stratege. Scharfe Kritik und Gegenwind verunsichern und kränken ihn. Durch seine hohe Beredsamkeit und Kompetenz erfährt er jedoch viel häufiger Zustimmung als Kritik.

Als Vorgesetzte sind Idealisten meist angenehm und unkompliziert. Mit ihrer menschenfreundlichen und zugewandten Art versuchen sie, das Beste aus ihren Mitarbeiterinnen und Mitarbeitern herauszuholen. Eine harmonische und warme Atmosphäre liegt ihnen sehr am Herzen, ebenso die Förderung und Unterstützung ihrer Mitarbeiter, für deren Bedürfnisse und Wünsche sie ein offenes Ohr haben. Allerdings passiert es auch, dass sie deren Fähigkeiten überschätzen und ihnen zu viel Entscheidungsfreiheit und Verantwortung aufbürden, sie also zu wenig führen. Diese Neigung wird noch verstärkt durch ihren Widerwillen, sich mit Kleinkram zu beschäftigen, deshalb delegieren sie gern, und manchmal eben auch zu viel.

Da Idealisten oft mehr mit der Beziehungsebene beschäftigt sind als mit den Fähigkeiten ihrer Mitarbeiter, können sie zu Fehleinschätzungen kommen. Dann wird ein introvertierter DenkEntscheider, der eine hervorragende Arbeit leistet, aber dem AF mit Zurückhaltung begegnet (weil es so seine Art ist), vom Idealisten als Problemfall im Team angesehen, weil er das Gefühl hat, dass der ID ihn nicht so gut leiden kann. AFs neigen dazu, sich mehr um ihre Beliebtheit zu sorgen als um die Arbeitsleistung. Sie sind im wahrsten Sinne des Wortes schnell »per du«, dies fördert im positiven Sinne die persönliche Ebene, kann aber auch zu Verstrickungen führen.

Vor allem die introvertierten Idealisten (IAFO und IAFL) tun sich häufig schwer, ein (längst überfälliges) offenes Wort auszusprechen und Kritik zu üben. Wenn diese Worte auf Sie zutreffen, dann können Sie Ihre Konfliktfähigkeit trainieren, indem Sie sich an Ihre eigenen Werte wie zum Beispiel Fairness, Transparenz oder Zivilcourage erinnern. Diese können Ihnen in der akuten Situation den Mut verleihen, Ihre Angst vor Zurückweisung zu überwinden und die Probleme offen anzusprechen. Denn letztlich sind die Mitarbeiter und Kolleginnen viel zufriedener, wenn sie sich auf ein offenes Wort verlassen können und wissen, woran sie sind.

Die extravertierten Idealisten (EAFO und EAFL) mögen zwar auch keine Konflikte, neigen jedoch zu einer gewissen Impulsivität. Sie können recht unvermittelt aus der Haut fahren, wenn die Dinge nicht so laufen, wie sie es gerne hätten. Zwar kommen sie auch schnell wieder runter und sind auch nicht nachtragend – allerdings sind das manchmal die anderen. Deswegen dürfen sich extravertierte Idealisten in der Mäßigung ihres Temperaments üben beziehungsweise immer daran denken, sich im Nachhinein für ihre kleinen Ausbrüche zu entschuldigen.

Weil Idealisten sich am allerbesten mit Idealisten verstehen, passiert es leicht, dass sie sich bei der Personalauswahl für Idealisten entscheiden. Es kommt nicht selten vor, dass von Idealisten geführte Teams sich fast ausschließlich aus Idealisten zusammensetzen. Das potenziert zwar ihre Stärken, aber leider auch ihre Schwächen, die bekanntermaßen in der konkreten Wahrnehmung und denkorientierten Entscheidung liegen. Deswegen sollten Teams immer eine gewisse Vielfalt aufweisen.

Alfred Herrhausen, ehemaliger Chef der Deutschen Bank, war so ein Idealist. Das Fundament seines unternehmerischen Denkens war ein sehr weiser Verantwortungsbegriff: Die Interessen der Bank, der Aktionäre und Mitarbeiter waren für Herrhausen untrennbar mit einer Verantwortung für das Gemeinwohl des Landes verbunden.

Die Traditionalisten: KOs #Verantwortung

Die Verantwortung für sich selbst
ist die Wurzel jeder Verantwortung.
Mengzi

Die Traditionalisten sind Pragmatiker und Tatsachenmenschen mit einer konkreten Wahrnehmung. Sie achten auf Details und Fakten und sind stark auf die Gegenwart bezogen – im Unterschied zu den Strategen und Idealisten, deren Ausrichtung sich auf die Zukunft bezieht. Da sie organisiert (O) sind, haben sie eine hohe Arbeitsmoral und klare Grundsätze. Ihnen steht der Spruch »Erst die Arbeit, dann das Vergnügen!« auf die Stirn geschrieben. Es fällt ihnen von allen Temperamenten am leichtesten, sich an Regeln zu halten. Sie haben Respekt vor Autoritäten und erkennen sie an, es sei denn, diese sind offensichtlich inkompetent. Dabei sind KOs keine Duckmäuser, sondern tief überzeugt, dass es ohne eine solche Ordnung nicht geht. Sie sind die Hüter von Traditionen, Bräuchen und Sitten. Reformen stellen sie sich zwar nicht in den Weg, aber sie stehen ihnen zunächst skeptisch gegenüber und sind bestimmt auch nicht die Ersten, die nach einer Neuerung rufen.

Traditionalisten haben ein tief verwurzeltes Verantwortungs- und Pflichtgefühl. Dieses stellen sie in den Dienst des Unternehmens. Sie sind fleißig, genau, hilfsbereit und zuverlässig. Was sie alles für die Firma leisten, fällt häufig erst auf, wenn sie ausfallen. Sie machen nämlich nicht viel Aufheben um ihre Person und ihre Arbeit. Für sie ist es selbstverständlich, dass man sein Bestes gibt und die Erwartungen erfüllt. Wer Traditionalisten im Team oder in der Führung hat, sollte sich deshalb immer mal wieder bewusstmachen, dass der Einsatz, den sie an den Tag legen, eigentlich gar nicht so selbstverständlich ist, wie man manchmal annimmt. Deswegen sollte man den fleißigen und rechtschaffenen Traditionalisten auch immer mal wieder ein paar Worte der Anerkennung aussprechen. Darüber freuen sie sich nämlich ganz besonders. Traditionalisten sind von einem tief verankerten Wunsch getrieben, Teil einer Gemeinschaft zu sein und dazuzugehören. Deswegen schließen sie sich in ihrer Freizeit auch gern einem Verein an oder engagieren sich in einer gemeinnützigen Institution. Mehr als andere Temperamente sind sie durchdrungen von dem Gedanken, dass sie etwas geben müssen, um anerkannt zu werden.

Der Arbeitsstil von Traditionalisten zeichnet sich durch geübte Routinen, Struktur und eine perfekte Organisation aus. Probleme lösen sie, indem sie in ihrem reichhaltigen Erfahrungsschatz nach altbewährten Rezepten suchen. Dabei hilft ihnen auch ihr hervorragendes Faktengedächtnis. Sie warten selten mit innovativen, dafür aber mit sehr kompetenten Problemlösungen auf. Traditionalisten haben die Nerven und die Geduld, sich mit Detailarbeiten und Routinen zu beschäftigen, die den Strategen und Idealisten ein Graus sind. Sie planen und setzen die Konzepte der AFs und ADs um. Ihr ausgeprägter Realitätssinn hilft ihnen auch, die Schwächen des möglicherweise zu groben Entwurfs der Strategen und Idealisten zu erkennen und diese gegebenenfalls auszumerzen.

Traditionalisten sind stark im Hier und Jetzt verhaftet. Sie sehen den Handlungsbedarf und erledigen die Dinge, die getan werden müssen. Das zählt zu ihren großen Stärken. Neuem stehen sie eher skeptisch gegenüber, schließlich sind sie keine Modernisierer, sondern Konservierer. Besteht die Unternehmensführung vorwiegend aus Traditionalisten, so birgt dies die Gefahr, Trends und neue Entwicklungen zu missachten und somit den Anschluss an die Zukunft zu verpassen. Die meisten deutschen Spitzenmanager sind Traditionalisten. Erfolgreich, fleißig und zuverlässig arbeiten sie Konzepte vergangener Tage ab, für Innovation ist oft zu wenig Raum.

Ihr hohes Verantwortungsgefühl lässt sie das Leben eher von der ernsten als von der leichten Seite nehmen, worunter KOs mitunter auch selbst leiden. Zu ihrem Verantwortungsbewusstsein gesellt sich ein starkes Bedürfnis nach Sicherheit, weshalb sie vorsorgen und sparsam sind. Ihr Realismus tendiert eher zu Pessimismus, was dazu beiträgt, dass sie sich mit Veränderungen schwertun, auch im Hinblick auf ihre eigene berufliche Weiterentwicklung. Ihre Angst vor Unbekanntem lässt sie manchmal zu lange in Positionen oder Jobs verharren, die ihrem Können nicht gerecht werden. Somit bleiben einige von ihnen hinsichtlich ihrer Karriere unter ihren Möglichkeiten.

Ein Traditionalist in einer Führungsposition führt so, wie es seinem Wesen entspricht: verantwortungsvoll, ernst und gewissenhaft. Seine Abteilung beziehungsweise sein Unternehmen weist klare

Hierarchien auf. Allerdings sind die FühlEntscheider unter ihnen, wie die Sozialminister (EKFO) und Harmonieminister (IKFO), sehr auf ein harmonisches Betriebsklima bedacht. Trotz ihrer eher konservativen Einstellung zur Unternehmensstruktur sorgen sie in erster Linie für harmonische Beziehungen der Mitarbeiter untereinander und zwischen sich und ihren Untergebenen. Ihr Führungsstil ist mithin eher beziehungs- als aufgabenorientiert. Kritisch wird es, wenn Missstimmung im Team aufkommt und klare Worte gefragt sind. EKFOs und IKFOs sind recht konfliktscheu. Nicht zuletzt deshalb sind sie auch geneigt, sich selbst viel Arbeit aufzuhalsen, um ihre Mitarbeiter zumindest mit unliebsamen Aufgaben zu verschonen. Wenn Sie sich hiervon angesprochen fühlen, dann machen Sie sich immer wieder klar, dass deutliche Worte mehr zu Frieden und Harmonie im Unternehmen beitragen können, als wenn Sie als Chefin oder Chef zu wenig Stellung beziehen. Jeder Konflikt birgt die Chance für eine Klärung.

Durchsetzungsstärker als die FühlEntscheider- sind die Denk-Entscheider-Traditionalisten (IKDO und EKDO). Sie praktizieren eher einen aufgabenorientierten Führungsstil und wollen in der Sache unbedingt vorankommen. Vor allem die extravertierten Planungsminister (EKDO) treten lieber ins Fettnäpfchen, bevor sie mit ihren Ansichten hinterm Berg halten. Mit ihrem klaren, recht autoritären Führungsstil sind sie die geborenen Chefnaturen und landen deswegen auch häufig in solchen Positionen. Weil sie ihre Kritik recht forsch und spontan sowie mit wenig Feingefühl anbringen, ecken sie vor allem bei Mitarbeiterinnen und Kollegen an, die etwas zarter besaitet sind.

Die introvertierten Präzisionsminister führen mit leiseren Tönen, sind aber auch sehr von der Richtigkeit ihres Tuns überzeugt. Deswegen neigen sie auch, wie die EKDOs, zu Rigidität und Sturheit. Sie erwarten von ihren Mitarbeitern dieselbe Effizienz und hohe Einsatzbereitschaft, die sie selbst an den Tag legen. Ihre Stärken sind ihre absolute Zuverlässigkeit, ihre Ehrlichkeit und ihr ungeheurer Fleiß. Für diese Eigenschaften werden sie auch von ihren Mitarbeitern respektiert, manchmal auch etwas gefürchtet. Sie würden sich und ihren Kolleginnen einen Gefallen tun, wenn sie etwas weicher würden und mehr Anerkennung zeigen würden.

Ein großer Traditionalist unter den zeitgenössischen Führungspersönlichkeiten war Edzard Reuter. Er entwickelte aus einer Automobilfirma einen Technologiekonzern. Der Strukturwandel, den Edzard Reuter bei Daimler-Benz eingeleitet hat, sorgte weltweit für Anerkennung und Erfolg. Sein Motto: »Wer nicht gestaltet, der verliert.«

Die Experimentierer: KLs # Freiheit

In allen Augenblicken, wo wir unser Bestes tun, arbeiten wir nicht. Arbeit ist nur ein Mittel zu diesen Augenblicken.

Friedrich Nietzsche

Experimentierer sind als konkrete Wahrnehmer mit ihren fünf Sinnen fest in dieser Welt verankert und gehen als Lockere ganz im Hier und Jetzt auf. Langfristige Planungen sind ihnen geradezu suspekt, für sie zählt der Augenblick. Ihr großer Erfahrungshunger treibt sie zur Tat. Sie möchten Spaß bei der Arbeit haben und möglichst wenige Regeln und Vorschriften, die sie einschränken. Wenn sie unter Druck arbeiten, fühlen sie sich durchaus stimuliert. Sie mögen Berufe, die unmittelbare, greifbare Erfolge versprechen und ein schnelles und flexibles Handeln erfordern, sei es als Kellner oder Leiterin eines Sondereinsatzkommandos. Aber auch die Sekretärin, der Fahrradkurier, der Krankenpfleger oder die Hotelmanagerin sind immer wieder gefordert, schnell umzuschalten und sich auf neue Situationen einzustellen. Da Experimentierer große Freude an handfesten Dingen haben, fesseln sie auch alle Tätigkeiten, die den Einsatz von Werkzeugen oder Maschinen erfordern, sei es als gestaltende Künstlerin, Handwerker oder Pilotin.

Experimentierer sind herausragende Verhandlungskünstler und »Troubleshouters«, sie suchen also schnell nach ungewöhnlichen Lösungen. Spontan, realistisch und handlungsbereit, wie sie sind, kommen ihre Talente in der Krise besonders zur Entfaltung, auch als »Master of Disaster«. Das ist die Sonnenseite ihrer mangelnden Bereitschaft, sich langfristig festzulegen. Sie sind Macher und keine Planer. Zähe Pflichterfüllung, das disziplinierte Abarbeiten von notwendigen Aufgaben schreckt sie ab. Somit sind die freiheitsliebenden Experimentierer das Pendant zu den disziplinierten, verantwortungsvollen Traditionalisten. KLs möchten tun, was sie wollen, wann sie es wollen und wie sie es wollen. Sparen, versorgen, sich einschränken und an das Übermorgen denken ist nicht ihre Sache. Am meisten ermüdet es sie, in festen Strukturen jeden Tag dieselbe Arbeit zu verrichten.

Experimentierer sind vor allem deshalb so erfolgreiche Krisenlöser, weil sie sich kaum durch Regeln, Traditionen, Verträge oder Beziehungen eingeschränkt sehen. Ihr Blick richtet sich allein auf das Machbare, sie fühlen sich an keine Struktur gebunden und entdecken deswegen Möglichkeiten und Schlupflöcher, die sonst niemand wahrnimmt. Zudem sind sie überaus realistisch und besitzen eine gute Überzeugungskraft. In ihrem Element, der akuten Krisensituation, bewegen sie sich wie ein Fisch im Wasser: unerschrocken und selbstsicher. Im neuen Studiengang »Master of Disaster Management« an der Universität Kopenhagen werden »Experimentierer« sogar ausgebildet. Sie sollen befähigt werden, das Management zu übernehmen, wenn Regierungen, Behörden und Beamte (die Kerngebiete der Traditionalisten) etwa nach Naturkatastrophen wie Erdbeben an ihre Grenzen kommen und heillos überfordert sind.

Das starke Freiheitsbedürfnis der Experimentierer bedingt ein etwas schwieriges Verhältnis zu Autoritäten. Vorgesetzte oder Regeln sind für sie in den meisten Fällen ein notwendiges Übel. Sie arbeiten am liebsten frei und für sich und fokussieren sich dabei auf den Handlungsbedarf, frei nach dem Motto: »Es ist leichter, Vergebung als eine Erlaubnis zu bekommen.« Dies gilt noch stärker für die Extras als für die Intros unter ihnen. Theorien sind für den Experimentierer nur von Interesse, wenn sie einen unmittelbaren praktischen Nutzen aufweisen. In Teamsitzungen, in denen langatmig abstrakte und theoretische Inhalte diskutiert werden, werden sie schnell ungeduldig. Ihr Tatendrang und ihr relativ geringes Sicherheitsbedürfnis treibt sie zum Handeln. Da sie aufgrund ihrer konkreten Wahrnehmung über eine gute Einschätzung der Realität verfügen, liegen sie auch häufig richtig. Und wenn sie mal auf die Nase fallen, dann stehen sie schnell wieder auf und denken sich: Neues Spiel, neues Glück! Misserfolg zieht sie weniger runter als die anderen Temperamente, weil sie von Natur aus nicht so ehrgeizig sind. Vergnügungen und Abwechslung sind der Motor ihres Tuns, aber nicht die Karriere, um der Karriere willen. Wenn sie Karriere machen, dann aus Leidenschaft – was durchaus passieren kann, denn sie sind leidenschaftliche Macher. Insbesondere Werkzeuge und technische Geräte, aber auch der Pinsel oder das Musikinstrument können den Experimentierer geradezu süchtig machen und in den Bann ziehen. Und dies kann wiederum zu vollendeten Fertigkeiten führen.

Als Führungskräfte der Gattung »Leadership« lassen sie ihren Mitarbeitern viel Freiraum. Für sie zählt vor allem das Ergebnis und weniger der Weg. Die FühlEntscheider unter ihnen (EKFL und IKFL) haben ein gutes Gespür für die Bedürfnisse ihrer Mitarbeiterinnen und Mitarbeiter. Durch ihre sympathische Art fördern sie eine gute Zusammenarbeit und sorgen für ein harmonisches Arbeitsklima. Sie führen also eher beziehungs- als aufgabenorientiert. Es kann jedoch passieren, dass sie ein zu großes Laisser-faire an den Tag legen, zumal sie Konflikte mit ihren Mitarbeitern eher scheuen. Da sie von Natur aus auch weniger gut organisiert sind, können die Zustände in ihrem Unternehmen oder ihrer Abteilung dann etwas chaotisch werden, was vor allem die organisierten Mitarbeiter ziemlich nervt. Falls Sie sich in diesen Zeilen wiedererkennen, sollten Sie an Ihrer Konfliktfähigkeit arbeiten. Denken Sie daran, dass man alles auch freundlich sagen kann und dadurch keine Information verloren geht. Überwinden Sie Ihre Angst vor Ablehnung durch Ihre Mitarbeiterinnen und Kollegen. Diese verübeln es Ihnen mehr, wenn Sie nicht eingreifen. Machen Sie sich der Verantwortung bewusst, die Sie für geregelte Abläufe und die Effizienz in Ihrem Arbeitsumfeld haben. Lassen Sie sich von Mitarbeitern beraten oder delegieren Sie Aufgaben, die Struktur und Ordnung stiften, an diese, die das besonders gut können. Organisierte DenkEntscheider beispielsweise sind hierfür hervorragend geeignet.

Die DenkEntscheider unter den Experimentierern, also die Krisen- und die Freiheitsminister (EKDL und IKDL), lassen ihrem Team ebenfalls viel Freiheit, wie sie die geforderten Ziele erreichen, sie scheuen allerdings keine Konfrontation, wenn das Ergebnis nicht stimmt. In diesem Fall können sie sogar ziemlich hart auftreten. Mit etwas mehr Kontrolle im Vorfeld würde es vielleicht seltener notwendig sein, ein Machtwort zu sprechen. Vielleicht täte es der Mannschaft ohnehin gut, wenn die Chefin öfter mal nach dem Stand der Dinge fragen würden. Das könnte später unschöne Diskussionen vermeiden, wenn das Kind bereits in den Brunnen gefallen ist. Hier könnte es helfen, öfter mal einen organisierten FühlEntscheider zu Rate zu ziehen, um schwelende Konflikte im Team zu erkennen und zu schlichten.

Ein großer »Experimentierer« unserer Zeit ist zum Beispiel Elon Musk. Vieles ordnet dieser Unternehmer dem konkreten Zweck unter. Eine seiner Meeting-Regeln lautet: »Verlassen Sie ein Meeting oder eine Telefonkonferenz, sobald klar ist, dass Sie nichts Wertvolles beizutragen haben.« Musk schärft den Tesla-Angestellten ein: »Es ist nicht unhöflich zu gehen […] Es ist unhöflich, jemanden am Gehen zu hindern und seine Zeit zu verschwenden.« (Jerzy, Nina: »3 Dinge, die man sich von Elon Musk abschauen kann«, 14.10.2019, unter: https://www.capital.de/karriere/elon-musk-meeting-regeln. Abgerufen am 7.1.2020.)

Die 16 Minister im Job

Der Charakter offenbart sich nicht an großen Taten;
an Kleinigkeiten zeigt sich die Natur des Menschen.

Jean-Jacques Rousseau

Die vier psychologischen Dimensionen sagen viel darüber aus, wie wir denken, fühlen und handeln. Dabei ist es nicht so, dass man einfach die einzelnen Dimensionen aneinanderreiht – und schon hat man den entsprechenden Typ. Vielmehr spielen die vier Dimensionen individuell zusammen, greifen ineinander und verstärken oder relativieren sich wechselseitig. Dadurch entsteht eine Dynamik, die noch weit exaktere Aussagen zum jeweiligen Typ erlaubt, als es die vier einzelnen Charakteristiken leisten könnten.

Im Folgenden stellen wir Ihnen alle 16 »Minister im Job« vor. Welche vier Dimensionen prägen sie? Was macht sie aus, was ist typisch für sie? Wie arbeiten sie? Welche Rolle können sie am besten in einem Team einnehmen? Was liegt ihnen besonders gut? Was weniger? Wie verhalten sie sich bei Stress? Welcher Führungsstil zeichnet sie als Vorgesetzte aus? Wie gehen andere am besten mit ihnen um, damit das Zwischenmenschliche und die gemeinsame Arbeit gut funktionieren? Auf all diese Fragen bekommen Sie in diesem Kapitel ausführliche Antworten.

IADL: die Theorieminister im Job

An unmöglichen Dingen soll man selten verzweifeln,
an schweren nie.
Johann Wolfgang von Goethe

I = introvertiert
A = abstrakt
D = DenkEntscheider
L = locker

IADL
Theorieminister

Theorieminister sind große Theoretiker, analytische Denker und nachdenkliche Beobachter, die immer auf der Suche nach Erkenntnis sind. Sie verstehen schnell, besitzen Originalität, sind intellektuell neugierig und können auf einen enormen inneren Reichtum an Ideen und Mustererkennungen zurückgreifen.

Theorieminister beobachten ihre Umgebung aus einer kritischen Distanz heraus. Sie wollen lernen und verstehen – ihr ganzes Leben lang. Sie ruhen nicht eher, als bis sie alle Einzelteile zu einem vollständigen, in sich stimmigen Bild zusammenfügen. Das treibt sie von innen her an und motiviert sie. Ihr scharfer Verstand erfasst blitzschnell logische Fehler und theoretische Schwachpunkte. Sind sie zu einer Erkenntnis gelangt, erscheint ihnen diese so sonnenklar, dass sie es kaum für wert erachten, sie anderen mitzuteilen. Weil sie introvertiert sind (I), bleiben dem Chef und den Kollegen viele ihrer Gedankengänge und Überlegungen verborgen. Tipp für den Chef und Kollegen: Fragen Sie danach! Denn Theorieminister geben gern und ausführlich Auskunft, wenn sie nach ihrer Einschätzung gefragt werden.

Theorieminister sind Forscher und Visionär zugleich. Sie versuchen ständig, ihren Wissenshorizont zu erweitern und Möglichkeiten jenseits des Sichtbaren, Bekannten und Offensichtlichen zu entdecken. Das bereichert jedes Team.

Damit Theorieminister in ihre Kraft kommen, bevorzugen sie eine ruhige Arbeitsumgebung. Sie können gut alleine und für sich arbeiten, aber ungestört müssen sie sein. Lange Arbeitszeiten ohne Pause sind für sie kein Problem. Sie sind ein eher zurückhaltender, ruhiger und sehr tiefsinniger Leistungsträger. Darauf gilt es in der Führung unbedingt zu achten.

Wichtig: Theorieminister wollen zuallererst verstehen und ergründen, nicht jedoch verändern. Die praktische Umsetzung ihrer Ideen überlassen sie gern anderen. Es fällt ihnen schwer, eine Sache abzuschließen, weil sie selten mit sich zufrieden sind. Denn ihr hoher intellektueller Anspruch macht sie selbst zu ihren größten Kritikern. Vorgesetzte sollten das wissen, um den Theorieminister vor sich selbst zu schützen und eine Form zu finden, das Erreichte gebührend anzuerkennen.

Theorieminister sind recht unabhängig von der Meinung und Anerkennung anderer. Natürlich sind ihnen entspannte Beziehungen zu Kollegen lieber, aber IADLs können auch mit Disharmonie leben. Jedenfalls sind sie selten bereit, um der Harmonie willen von ihrem Standpunkt abzuweichen. Auch das setzt eine feinfühlige Führung und Kollegialität voraus, um das Teamklima entsprechend hoch zu halten. Theorieminister beugen sich Regeln, wenn sie einen Sinn in ihnen sehen, und nicht, weil es Vorschriften sind. Sie respektieren die Kompetenz, nicht den Status einer Person. Deshalb können sie aufmüpfig gegen Autoritätspersonen sein, wenn deren Tun und Denken aus ihrer Sicht unlogisch und nicht nachvollziehbar ist.

Das liegt Theorieministern

IADLs besitzen die Fähigkeit, die grundlegenden Prinzipien eines Systems zu ergründen sowie einen komplexen Vorgang oder ein kniffliges Problem gründlich zu durchdenken und zu reflektieren. Sie entwerfen Theorien darüber, nach welchen Gesetzen die Welt um sie herum wohl funktioniert, und wollen wie Goethes Faust erkennen, »was die Welt im Innersten zusammenhält«. Theorieminister sind durch und durch rationale Typen, denen die Logik auf die Stirn geschrieben steht. Weil sie Abstrakte (A) sind, verarbeiten sie eingehende Informationen so, dass sich ihnen übergeordnete Zusammenhänge, logische Muster und das Gesamtbild wie durch Zauberhand erschließen – ein großes Plus für alle Teams mit komplexen und stark vernetzten Aufgaben. Sie sind gegenüber Neuem und Originellem aufgeschlossen und haben ein gutes Gespür für Zukunftsthemen sowie visionäre Ideen. Da sie auch offen für neue Fakten sind, bleiben sie flexibel. Im Zweifel überwiegt aber ihre Rationalität: Mag eine neue Idee noch so originell sein, wenn sie ihrer kritischen Analyse nicht standhält, wird sie entweder verworfen oder, falls möglich, überarbeitet.

Theorieminister arbeiten am liebsten und erfolgreichsten in der Wissenschaft und Forschung, im Bereich der Naturwissenschaften, Ingenieurwissenschaften, in der Informatik, Wirtschaft oder auch Philosophie. Also überall dort, wo sie sich in eine komplexe, logische Gedankenwelt versenken können. Da sie Denker und keine Macher sind, sind sie gut darin, komplexe logische Konzepte und Systeme zu entwickeln, zu analysieren und zu kritisieren. Wichtiger als Geldverdienen ist für sie die persönliche Weiterentwicklung ihrer Fähigkeiten.

Wo Selbstbestimmung belohnt wird, da arbeiten die IADL-Typen gern. Sie bevorzugen eine Arbeit, bei der sie allein und ungestört nachdenken können. Wenig Gewinn ziehen sie aus dem Austausch mit anderen, weil sie Dinge am liebsten erst für sich zu Ende

Theorieminister im Team

I = erfassen die Komplexität der Aufgabe
A = prüfen und finden mögliche Lösungswege
D = analysieren kritisch
L = sind offen für neue Faktoren und sichern Flexibilität

denken und dann ihr Ergebnis präsentieren. Gern arbeiten sie nicht nur allein, sondern auch möglichst autonom und flexibel.

Theorieminister lassen sich am besten durch rationale Argumente überzeugen und motivieren, keinesfalls durch Autorität und Druck von oben. Wenn IADLs überzeugt sind, etwas Sinnvolles zu tun, arbeiten sie sehr engagiert.

Weil sie so gern in die theoretische Welt abtauchen, sind IADLs in alltäglichen Angelegenheiten manchmal etwas schusselig und unorganisiert. Ihr Arbeitsplatz wirkt auf andere überladen. Aber keine Sorge, die IADLs freuen sich über ein Sammelsurium an Möglichkeiten, was allein schon die Optik des Schreibtisches hergibt. Sie werfen sehr ungern etwas weg, weil sie sich dadurch eine Chance in der Zukunft nehmen könnten.

Das liegt Theorieministern weniger

Theorieminister beschäftigen sich nicht gern mit dem Offensichtlichen und sind auch nicht besonders praktisch veranlagt. Es liegt ihnen ebenfalls nicht, Konzepte konkret umzusetzen, dafür fehlen ihnen die Liebe zum Detail und praktisches Organisationstalent. Dort, wo feste und starre Vorgaben der Vorgesetzten herrschen, fühlen sich IADLs gegängelt und in ihrer Kreativität eingeschränkt.

Theorieminister können anderen mit ihrem stets kritischen Blick ganz schön die Laune verderben. Sie wirken dann wie Miesmacher, die jeden noch so kleinen Fehler ans Licht zerren. Ihre strengen

Maßstäbe legen sie bei sich selbst genauso wie bei ihren Kollegen an. Theorieminister sind manchmal so perfektionistisch veranlagt, dass sie es gar nicht bemerken, wenn sie den Punkt verpasst haben, an dem es eigentlich gut genug gewesen wäre. Sie selbst sind häufig überrascht, wenn andere ihre Kritik persönlich nehmen. Aus ihrer Sicht haben sie lediglich einen sachlichen Verbesserungsvorschlag geäußert. Ist ihre Wertschätzung und Empathie anderen gegenüber zu wenig ausgeprägt, kann das zu Schwierigkeiten und Blockaden im Team führen.

Theorieminister können es sich und anderen leichter machen, wenn sie ihre Kritik ein bisschen sanfter formulieren und zuerst den Boden für ihre Kritik vorbereiten. Es würde schon genügen, vorab ein paar anerkennende Worte zu sagen.

Tipp: Achten Sie mehr auf die Menschen in Ihrer Umgebung und geben Sie Kollegen eine wohlwollende Rückmeldung, wenn diese etwas gut machen. Ihre Kollegen brauchen das!

Theorieminister sind gefährdet, zu sehr in ihre theoretische Gedankenwelt abzugleiten und durch ihren mangelnden Austausch mit anderen die Realität etwas aus den Augen zu verlieren. Ihr klarer Verstand weist nämlich eine Sicherheitslücke auf: Sie befassen sich nicht gern mit den Details der praktischen Umsetzung. Deshalb können ihre Überlegungen in sich zwar vollkommen schlüssig, für andere aber trotzdem realitätsfern sein, da die faktischen Voraussetzungen nicht stimmen, auf die sie sich gründen. Ihre Konzentration auf übergeordnete Zusammenhänge verleitet sie dazu, lästige Kleinigkeiten zu stark auszublenden. Da der Teufel jedoch bekanntermaßen im Detail steckt, zerschellen manche ihrer genialen Eingebungen eben an den Klippen dieser Kleinigkeiten.

Tipp: Üben Sie sich in einfachen Formulierungen von komplexen Sachverhalten. Holen Sie sich Rückmeldungen im engeren Umfeld, ob Ihre Formulierungen verständlich und nicht zu komplex sind. Denken Sie daran: Andere Menschen nehmen Informationen oft mit anderen Kanälen auf. Es kann auch sehr hilfreich sein, Menschen, die eine sehr gute Detail- und Realitätswahrnehmung haben, in Ihre Überlegungen miteinzubeziehen. Dies wären idealerweise alle Konkreten-DenkEntscheider-Typen (KD).

Gefühlen stehen Theorieminister eher skeptisch gegenüber. Sie bewegen sich hier auf unsicherem Terrain, weil Emotionen nicht mit Logik, sondern nur mit Psycho-Logik zu verstehen sind. Für die Zusammenarbeit im Team und für exzellente Lösungen sind jedoch beide Bereiche bedeutend. Die schlechteste Lösung ist es, Gefühle einfach zu ignorieren, was einige IADLs jedoch versuchen. Allerdings wundern sie sich dann, wie sehr sie sich durch belanglose Kleinigkeiten reizen oder deprimieren lassen. Dabei ist ihnen entgangen, dass sie bereits lange im Vorfeld ihre Emotionen wie Ärger oder Enttäuschung ausgeblendet haben. Sie sollten lernen, ihre Gefühle frühzeitig wahrzunehmen und rechtzeitig anzusprechen, so dass sie sich nicht so stark von ihnen überrollt fühlen.

Tipp: Finden Sie bewusst mehr Kommunikation und Kontakt mit anderen. Sehen Sie es als Lernplattform, auf der Sie doppelt gewinnen können: Erstens erfahren Sie mehr von Ihren Kollegen, und zweitens haben Sie Gelegenheiten, sich in Wertschätzung und Anerkennung zu üben.

Wenn's eng wird: Theorieminister im Stress

Bei leichtem Stress geben sich Theorieminister sehr entschieden, greifen durch und wirken eher dogmatisch. Aufgepasst: Bei Stress wird ihr Spielraum enger und sie selbst auch. Sie wissen dann, was richtig ist, und verlangen, dass das Richtige getan wird. Das kann ihr Umfeld total stressen und runterziehen.

Bei wachsendem Druck ist der Theorieminister unfähig, seine Ideen klar zu formulieren, er wirkt verworren, verliert seine Souveränität und benimmt sich im sozialen Umfeld unbeholfen. Bei starkem Stress verliert der Theorieminister oft an Selbstvertrauen, und seine ureigene Fähigkeit, Probleme zu lösen, zerrinnt. Theorieminister tendieren dazu, sich bei Stress von der Außenwelt zu isolieren.

Anti-Stress-Tipps

- Nehmen Sie sich Zeit für sich. Ziehen Sie sich zurück oder machen Sie einen kurzen Spaziergang. Abstand hilft.
- Konzentrieren Sie sich auf eine neue Idee und gewinnen Sie Abstand. Gehen Sie kurz in die Beobachterposition und reflektieren Sie sich selbst. Dabei kommen Sie wieder in Ihre Kraft.
- Reden Sie in aller Ruhe über das, was Sie beschäftigt, mit einer vertrauten Person, die nicht sofort beurteilt oder bewertet. Sie brauchen wieder Ihren Schutzraum.
- Versuchen Sie Abstand zu bekommen, reduzieren Sie die Ablenkungen und gehen Sie in sich.

Wie Theorieminister in Führung gehen

Führungspositionen, die Autonomie und Flexibilität versprechen, sind sehr reizvoll für Theorieminister. Was sie allerdings abschreckt, ist die Verantwortlichkeit für ihre Mitarbeiterinnen und Mitarbeiter, die sie in ihrer eigenen Unabhängigkeit einschränkt. IADLs führen so, wie sie selbst geführt werden wollen: Sie lassen ihre Mitarbeiter weitgehend eigenverantwortlich arbeiten. Für sie hat das den Vorteil, dass sie wenig mit der detaillierten Arbeitsorganisation belästigt werden. Allerdings erwarten sie, dass das Ergebnis stimmt, egal, wie es zustande gekommen ist.

Ein Theorieminister begreift Führung eher als Leadership. Er ist in erster Linie Stratege und Visionär, dem es nicht um Regeln und

Abläufe geht. Er mag die Welt der Ideen, Analysen und Entwürfe von komplexen Systemen. Theorieminister sind zurückhaltende, ruhige und sehr tiefsinnige Leistungsträger. Mit dem Team verbinden sie fachliches Wissen und der Expertenaustausch. In der Kontaktaufnahme zu anderen bevorzugen sie eher Mails als Telefonate. Persönliche Besprechungen liegen ihnen nicht so sehr.

Tipp: Entwickeln Sie Ihre Sozialkompetenz. Um Menschen wirklich wirksam führen zu können, braucht es die weichen Faktoren sowie Beziehungsmanagement. Lernen Sie, wie Sie Anerkennung zeigen. Werben Sie um die Menschen, die mit Ihnen arbeiten. Üben Sie sich darin, den Kollegen zu zeigen, dass Sie sie schätzen und brauchen.

Theorieminister-Chefs planen Abläufe und konzentrieren sich auf die eher langfristigen Aspekte. Gern wenden sie logisches Systemdenken an; mittel- und langfristige Ziele behalten sie gut im Blick. Sie stellen einem Team die Optionen vor und treffen Konsens- oder Mehrheitsentscheidungen. Sie denken zuerst nach, bevor sie antworten, und man muss vieles aus ihnen herauslocken. Details interessieren sie weniger. Ihre Präsentationen sind sehr komplex und abstrakt. Sie überzeugen und lassen sich überzeugen mit durchdachten, rationalen Problemanalysen und mit klaren Zielformulierungen.

Tipp: Aktivieren und schärfen Sie den Blick für den konkreten Arbeitsalltag und für die Details. Um relevante Fakten in den Blick zu bekommen, knüpfen Sie Kooperationen mit den Konkreten im Team, die eher die Details lieben. Sie brauchen es nicht selbst zu tun, aber Sie sollten dafür sorgen, dass dieser umsetzungsstarke Faktor »Detailorientierung« in Ihrem Verantwortungsbereich gelebt und versorgt wird. Die Ergebnisse werden Sie überzeugen.

So klappt es mit den Theorieministern!

- Bitte respektiert mein Bedürfnis nach Ruhe und Zurückgezogenheit! Ihr sollt wissen, dass ich es anstrengend finde, mich dauernd mit Menschen zu umgeben. Ich brauche dann wieder meinen Rückzugsort. Ich arbeite gerne für mich und stelle euch dann das Ergebnis vor.
- Akzeptiert bitte, dass ich etwas Zeit brauche, bis ich über meine Gedanken spreche. Ich muss eine Sache erst für mich klären und zu Ende denken, bevor ich darüber reden kann.
- Bitte zwingt mir nicht zu viel Routine und kleinteilige Arbeiten auf. Ich schätze diese Arbeiten, erledige sie aber nicht gern selbst.
- Drängt mich bitte nicht zu allzu langfristigen Planungen. Meine Stärke liegt aber im Spontanen. Ich hole gern die Kohlen aus dem Feuer, wenn kurzfristig etwas schiefgeht oder umgeplant werden muss.
- Bitte regt euch nicht über meine Unordnung auf dem Schreibtisch auf. Ich habe trotzdem den Überblick. Ich kann mich einfach schwer von Dingen trennen, die ich vielleicht später noch brauchen könnte.
- Nehmt bitte Anteil an meinen Ideen und Interessen. Diskutiert mit mir, widersprecht mir, fordert mich mit Argumenten heraus. Da blühe ich auf und fühle mich gefordert.
- Ich kann schlecht damit umgehen, wenn zu viele Emotionen ins Spiel kommen. Versucht bitte sachlich zu bleiben, damit ich rational verstehen kann, was euch bewegt.
- Bitte sagt mir offen und ehrlich, was euch stört. Ich kann nicht erraten, was in euch vorgeht. Ich brauche in dieser Hinsicht Eure Rückmeldung. An einer Änderung meinerseits arbeite ich, wenn ich den Sinn verstehe und ihr mit mir darüber sprecht.

•

EADL: die Zukunftsminister im Job

Erzähle mir die Vergangenheit,
und ich werde die Zukunft erkennen.
Konfuzius

E = extravertiert
A = abstrakt
D = DenkEntscheider
L = locker

EADL
Zukunftsminister

Zukunftsminister sind dynamische Menschen, deren Blick – und das ist typisch für sie – in die Zukunft gerichtet ist. Sie betrachten Leben und Arbeiten als fantastisches Spiel mit unendlich vielen Möglichkeiten und Herausforderungen. EADLs sind neugierig und begeisterungsfähig, alles Neue und Ungewöhnliche interessiert und begeistert sie. Damit stecken sie auch andere oft an.

Ein Zukunftsminister sieht stets das, was möglich ist, für die Menschen und für das Unternehmen. Wenn es darum geht, Potenziale zu erkennen, ist der EADL anderen immer einen Schritt voraus. Er hat einen fast untrüglichen Instinkt für neue Entwicklungen und Trends. In der Gegenwart wird er dafür vielleicht noch belächelt, später muss man ihm jedoch häufig Recht geben. Ihm schießen oft unvermittelt Ideen in den Kopf, wie etwas anders oder besser werden könnte. Das liegt auch an seiner permanenten Empfangsbereitschaft, mit der er praktisch alles um sich herum wahrnimmt und neue Visionen kreiert. Beruflich wie privat ist das Leben eines EADL meist extrem abwechslungsreich, allerdings auch etwas unorganisiert (L-Anteil), was seine Mitmenschen nicht selten überfordert. Dabei sind Zukunftsminister in ihrer Lebensführung eigentlich sehr konsequent: Sie widmen sich immer dem Vorhaben, das sie im Moment am meisten fesselt.

Zukunftsminister zeigen vollen Arbeitseinsatz, wenn sie von etwas begeistert sind. Dann arbeiten sie auch bis an die Grenzen ihrer Belastbarkeit. Vor allem in der Anfangsphase eines Projekts können sie über sich hinauswachsen. Dass sie weder besonders diszipliniert noch im klassischen Sinne fleißig sind, zeigt sich erst danach, wenn die Anfangseuphorie vorbei ist und es an die konkrete Umsetzung der Konzepte geht. Die wichtigen Detail- und Routinearbeiten sollten besser andere übernehmen, denn der Zukunftsminister will sich so bald wie möglich neuen Einfällen widmen, die er inzwischen viel spannender findet.

Ihre spontane Begeisterungsfähigkeit kann durch ihre DenkEntscheider-Qualitäten abgemildert werden. So sind Zukunftsminister nicht nur selbstkritisch, sondern lernen und diskutieren auch leidenschaftlich gern. Dabei argumentieren sie inhaltlich logisch und sprachlich oft sehr gewandt. Da sie nicht besonders harmoniebedürftig sind, scheuen sie keine Konflikte und sind von der Anerkennung anderer relativ unabhängig.

Zukunftsminister im Team

E = sorgen für Kommunikation im Team und nach außen
A = prüfen und finden mögliche Lösungswege
D = analysieren kritisch
L = sind offen für neue Faktoren und sichern Flexibilität

Das liegt Zukunftsministern

Wegen ihrer vielseitigen Interessen findet man Zukunftsminister in vielen verschiedenen Berufsfeldern. Vor allem auf konzeptioneller Ebene, wenn es darum geht, zukünftige Trends zu sondieren und eine neue Entwicklung anzustoßen, sind sie in ihrem Element. So können sie als Organisations- und Investmentberater ebenso erfolgreich arbeiten wie im Marketing oder Journalismus. Viele Zukunftsminister wechseln häufiger ihre Stelle und versuchen sich in verschiedenen Jobs. Gerne versuchen sie sich auch als Selbstständige, zumal sie das unternehmerische Risiko als einladende Herausforderung verstehen. Routinierte Betätigungen und starre Hierarchien sind ihnen zuwider. Wenn sie diese nicht durchbrechen können, wenden sie sich lieber einer neuen Tätigkeit zu, indem sie, wenn irgend möglich, die Stelle wechseln.

Einem Zukunftsminister muss die Arbeit Spaß machen und sie muss ihn herausfordern. Arbeit und Freizeit sind für ihn nicht klar voneinander getrennt. Insbesondere, wenn er für ein Projekt Feuer gefangen hat, beschäftigt er sich auch in seiner Freizeit damit. Zukunftsminister sind gesprächig und rege – oft sind sie die Seele des Unternehmens.

Um ihre Kreativität entfalten zu können, brauchen sie Arbeitsbedingungen mit möglichst viel Freiraum. Das Prinzip Selbstverantwortung ist für sie ein hohes Gut. Sie beugen sich ungern Autoritäten, wenn deren Anweisungen ihnen nicht sinnvoll erscheinen. Rang und Titel beeindrucken sie nicht, dagegen respektieren sie Kompetenz. Sie sind unkonventionell und »tricksen« das System auch gern mal aus. Als begabte Gestalter sozialer Beziehungen und Systeme sind sie für jedes Team von besonderem Wert.

Das liegt Zukunftsministern weniger

Kompetenz ist das oberste Ziel der Zukunftsminister. Es ist ihnen extrem peinlich, für einfältig oder inkompetent gehalten zu werden. Deshalb sind sie ständig bemüht, dazuzulernen und ihren Horizont zu erweitern. Sie setzen sich jedoch schnell unter Leistungsdruck und geben eigene Fehler nur ungern zu. Zukunftsminister können auf andere etwas arrogant wirken. Oft glauben sie, es besser zu wissen, und können es nicht lassen, andere mit ihrer Meinung zu belehren. Sie sind dann so von ihren Ansichten überzeugt, dass sie keine Alternativen mehr gelten lassen. Zwar sind sie grundsätzlich offen für Neues, wenn sie ihr Urteil aber einmal gefällt haben, trifft dies nicht mehr zu.

Tipp: Hüten Sie sich davor, zu viel kontrollieren und managen zu wollen – das liegt Ihnen nicht. Trumpfen Sie mit Ihrer Begeisterungsfähigkeit und schenken Sie anderen mehr Anerkennung und Wertschätzung. Üben Sie sich in Einfühlungsvermögen, denn damit können Sie die Beziehungen im Unternehmen und im Team harmonischer gestalten.

Ihre rationale Art zu entscheiden (D) ist das einzige Gegengewicht in ihrem Profil, das sich ihrer Begeisterung für Visionäres entgegenstemmt. Ist dieses Gegengewicht nicht ausreichend entwickelt oder einfach mal »ausgeschaltet«, verzetteln sich Zukunftsminister schnell und schaffen es nicht, auch nur eine einzige ihrer zahlreichen Ideen zu Ende zu bringen. Von der Angst getrieben, etwas zu verpassen, halsen sie sich oft zu viel gleichzeitig auf. Sie haben nicht nur wenig Talent, zu planen und zu organisieren (L), sondern ihnen fehlt auch der Blick fürs Praktische.

EADLs haben Ziele und Visionen, die in sich vollkommen schlüssig sein können. Das heißt aber noch lange nicht, dass ihre Ideen auch praktikabel sind. Dafür brauchen sie ihre Kolleginnen und Kollegen im Team, denn den Zukunftsministern fehlt hier häufig der Blick fürs Detail. Sie überblicken oft gar nicht, wie viel Arbeit es macht, ihre Ideen praktisch umzusetzen. Genau das könnte der Schwachpunkt ihrer Entwürfe und Konzepte sein.

Tipp: Machen Sie sich immer wieder bewusst, dass der »Teufel im Detail steckt«, und beziehen Sie andere aus Ihrem Team bei der Umsetzung Ihrer Ideen mit ein. Schenken Sie den Details und den einzelnen Umsetzungsschritten mehr Interesse und führen Sie Projekte zu Ende. Behalten Sie beides im Blick: die realen Gegebenheiten der Gegenwart und die Visionen für die Zukunft. Nutzen Sie Tools und Methoden wie Zeitmanagement, um Ihre Ziele voranzubringen.

Die idealen Ratgeber für diese Probleme finden die Zukunftsminister in den Konkret-Organisierten-Typen: Diese sind bodenständig und durch und durch praktisch veranlagt (K). Als Organisierte gehen sie systematisch und strukturiert vor. Die Kritik der eher konservativen KO-Typen wird den Zukunftsministern zwar nicht schmecken, doch sie wird die abstrakten Visionen auf den Boden der Tatsachen stellen und dabei Schwachpunkte aufdecken, die den EADLs selbst verborgen geblieben sind.

Tipp: Sie sind gut beraten, die Einschätzung der Konkreten und der Organisierten im Team ernst zu nehmen, gut hinzuhören und sie bei der Umsetzung wertschätzend einzubinden.

Wenn's eng wird: Zukunftsminister im Stress

Bei leichtem Stress neigt der Zukunftsminister dazu, überkritisch zu sein, und glaubt, keiner verstehe ihn mehr. Da er so sehr auf das konzentriert ist, was zu tun ist, vernachlässigt er Ruhezeiten, was zu tiefer Erschöpfung führen kann. Bei Stress wird er übermäßig analytisch und sogar dogmatisch. Wenn es eng wird, verlangt er, dass alle Möglichkeiten noch mal überprüft werden sollen. Der Zukunftsminister kann bei Stress hektisch reden sowie laut und fordernd werden.

Bei großem Stress verliert der visionäre Zukunftsminister an »Strahlkraft«, und seine Kommunikationsfähigkeit nimmt ab. Im Gegensatz zu sonst ist sein Blick nicht mehr auf die Zukunft gerichtet, vielmehr haben konkrete Aufgaben und Sofortmaßnahmen plötzlich höchste Priorität. Der EADL wird buchstabengläubig und verliert seine Begeisterungsfähigkeit.

Anti-Stress-Tipps

- Fragen Sie im Team nach Unterstützung. Das fördert das Miteinander, entlastet Sie persönlich und schenkt den anderen im Team Anerkennung und Wertschätzung.
- Diskutieren Sie mit anderen die Rahmenbedingungen, ohne vorschnelle Schlussfolgerungen und Entscheidungen.
- Analysieren Sie in Ruhe die Ereignisse und setzen Sie (gemeinsam mit dem Team) Prioritäten.
- Versuchen Sie im Gespräch mit anderen eine neutrale Perspektive zu gewinnen: raus aus der Feldperspektive, rein in die Beobachterperspektive!
- Loten Sie zuerst verschiedene Möglichkeiten und Wahrscheinlichkeiten aus. Danach legen Sie eine Pause ein – und erst dann entscheiden Sie.

Wie Zukunftsminister in Führung gehen

Zukunftsminister bringen auch als Vorgesetzte Energie ins Team und können ihre Mitarbeiterinnen und Mitarbeiter mit ihrer Begeisterung und Vorstellungskraft überzeugen und inspirieren. EADLs tendieren eher zum Leadership als zum Management. Als Vorgesetzte geben sie nur das Ziel und die grobe Richtung vor und ermutigen die anderen, möglichst eigenverantwortlich und selbstständig zu arbeiten. Es würde sie nerven, müssten sie genaue und detaillierte Arbeitsanweisungen geben. Dagegen lieben sie es, Theorien und Modelle zu erstellen und diese eigenverantwortlich umzusetzen. Zukunftsminister sehen Einschränkungen als Herausforderungen, die man anpacken muss. Sie übernehmen schnell die Initiative und setzen Veränderungen in Gang.

Tipp: Bleiben Sie experimentierfreudig, aber vergessen Sie die anderen Menschen dabei nicht. Modelle haben keinen Selbstzweck, sondern sollen den Menschen dienen. Überprüfen Sie deren Wirksamkeit im Alltag und nutzen Sie dabei die Kompetenzen der Konkreten in Ihrem Team. Sie haben als detailorientierte Kolleginnen und Kollegen einen besseren Blick dafür.

Wenn Zukunftsminister größere Probleme lösen müssen, sind sie in ihrem wahren Element. Dann blühen sie richtig auf und kommen in ihre Führungskraft. Sie lieben es, neue Führungsvarianten auszuprobieren, traditionelle Wege und Standardmethoden mögen sie dagegen weniger. Bei ihren Mitarbeiterinnen und Kollegen schätzen sie Ideen, Energie, Willenskraft und Erfindergeist. Sie fördern und belohnen Kompetenz, respektieren Leistung und Tüchtigkeit, aber keine Titel oder Positionen. EADLs diskutieren mit ihren Mitarbeiterinnen und Mitarbeitern gern über das Für und Wider von Möglichkeiten und suchen mit ihnen nach ungewöhnlichen Ansätzen und Einsichten zur Problemlösung. Sie überzeugen andere mit einer besonnenen, logischen Analyse und mit aufschlussreichen Beispielen.

Tipp: Entwickeln Sie Ihre Sozialkompetenz weiter. Binden Sie Fühl-Entscheider aus dem Team oder im Unternehmen in bestimmten Situationen mit ein, um die Auswirkungen von Entscheidungen auf Mitarbeiterinnen und Kollegen besser einzuschätzen. Bedenken Sie, dass starke Beziehungen und stabile Kooperationen sich auf die Schnelligkeit im Team und im Unternehmen positiv auswirken.

So klappt es mit den Zukunftsministern!

- Hört mir bitte einfach zu, ohne meine Ideen gleich zu bewerten. Seid nicht allzu kritisch, sondern ermutigt mich, meine Visionen weiterzuverfolgen.
- Erkennt bitte an, dass ich kreativ bin und mir für fast jedes Problem eine Lösung einfällt. Ob diese praktikabel ist, können wir in einem zweiten Schritt klären. Fragt mich einfach danach.

- Bitte gebt mir Raum für Spontaneität! Ich genieße die Gesellschaft mit dem gesamten Team und gemeinsame Aktivitäten. Wenn ich keinen Austausch und keine Gespräche habe, werde ich unausstehlich.
- Bitte zwingt mir nicht zu viel Routine auf. Lasst mich die Arbeit nach meiner Art erledigen und auch mal etwas Neues ausprobieren.
- Erwartet bitte nicht, dass ich mich zu frühzeitig festlege. Die Anfangsphase ist für mich wichtig.
- Stört euch nicht an meinem Chaos. Für mich hat das Ganze System – und darauf kommt es doch an. Ordnung ist mir nicht so wichtig.
- Bitte zweifelt niemals, vor allem nicht im Team, an meiner Kompetenz und macht euch nicht über mich lustig. An diesem Punkt bin ich sehr verletzbar.
- Sprecht mit mir nicht nur über Alltägliches und Gegenwärtiges, sondern auch über Visionen und darüber, wie es in Zukunft mit unserem Team und Unternehmen weitergehen könnte. Diskutiert mit mir, fordert mich mit Argumenten heraus. Ich mag es, mich über ein Thema auszutauschen und auseinanderzusetzen.
- Nehmt meine Kritik bitte nicht zu persönlich! Manchmal habe ich schneller etwas gesagt als darüber nachgedacht. Hinterher tut es mir dann leid. Außerdem möchte ich euch nicht verletzen, wenn ich auf einen Fehler hinweise. Lasst uns gemeinsam an Lösungen und guten Ergebnissen arbeiten.
- Bitte sagt mir offen, wenn euch etwas stört! Nur wenn ihr mit mir darüber sprecht, kann ich etwas ändern.

IADO: die Strategieminister im Job

Jede Zeit hat ihre Aufgabe,
und durch die Lösung derselben
rückt die Menschheit weiter.
Heinrich Heine

I = introvertiert
A = abstrakt
D = DenkEntscheider
O = organisiert

IADO
Strategieminister

Strategieminister lieben Herausforderungen und erkennen mit einem Blick, wo Potenziale schlummern und Zukunftsträchtiges wartet. Sie sind der Meinung, dass alles noch verbessert werden kann, egal, wie gut es bereits funktioniert. Das gilt auch für sie selbst, deshalb sind sie immer darauf aus, sich weiterzubilden und dazuzulernen. Ihr Wissensschatz bildet auch die Basis für ihre Standpunkte und Entscheidungen, die immer wohldurchdacht sind. Das macht sie intellektuell unabhängig und prädestiniert sie zum Quer- und Vordenken. Wer Strategieminister zu führen hat, sollte das wissen und nutzen, denn es verspricht Erfolg in allen Bereichen eines Unternehmens.

Strategieminister sind entschlussfreudig, intellektuell unabhängig und mit einem starken Selbstbewusstsein ausgestattet. Autoritäten und Positionen beeindrucken sie nicht, vielmehr interessiert sie die Kompetenz und Persönlichkeit eines Menschen.

Anders als die Theorieminister legen Strategieminister auch großen Wert auf die tatsächliche Machbarkeit einer Idee. Theorien ohne sinnvollen, praktischen Zweck verwerfen sie schnell. Deshalb sind sie gut dafür geeignet, langfristige Visionen von Unternehmen nicht nur zu entwickeln, sondern auch durchzuführen und umzusetzen.

Bevor IADOs eine neue Strategie entwickeln, erfolgt eine sachliche Analyse bestehender Systeme und Konzepte. Dabei springen ihnen logische Fehler und ungenutzte Potenziale sofort ins Auge. Sie beurteilen dann nüchtern und sachlich, behalten ihre Gedanken jedoch oft für sich oder äußern sie erst nach reiflicher Überlegung. Dabei zeigen sie sich nicht immer besonders feinfühlig. Ist eine Idee dann in ihnen gereift, wird sie ausgefeilt, geprüft – und umgesetzt. Davon bringt sie so leicht nichts ab, auch keine rationalen Argumente. Strategieminister kämpfen für ihre Überzeugungen und können ziemlich ungeduldig werden, wenn andere ihre Überlegungen nicht verstehen und nachvollziehen können. Für IADOs zählen nicht die Details, sondern übergeordnete Ideen, Visionen und Konzepte. Dafür feilen sie mit Bedacht an einer Strategie, prüfen diese immer wieder kritisch und setzen sie geduldig um. Sie stellen sich dabei auch großen Herausforderungen und lassen sich auch von Widerständen nicht aufhalten. Ihre sorgfältige Planung hilft ihnen dabei, Vorhaben abzuschließen.

Strategieminister im Team

I = erfassen die Komplexität der Aufgabe
A = prüfen und finden mögliche Lösungswege
D = analysieren kritisch
O = planen und terminieren

Das liegt Strategieministern

Als geborene Strategen arbeiten IADOs so lange an ihren Ideen, bis diese ausgereift sind. Dann sind sie kaum davon abzuhalten, deren Umsetzung zu planen und zielstrebig daran zu arbeiten. Mit dieser Fähigkeit können Strategieminister auch scheinbar Unmögliches möglich machen, Unternehmen und Projekte nach vorne bringen und erfolgreich in die Zukunft führen. Ihre große Stärke liegt auch darin, bestehende Systeme und Konzepte auf ihr Veränderungspotenzial hin zu analysieren. Berufe, die ein abstrakt-logisches Denken und ein systematisches Vorgehen erfordern, sind für Strategieminister wie geschaffen. Deshalb werden IADOs gern Wissenschaftler, Informatiker, Ingenieure, Journalisten und Organisationsberater. Um viel Gestaltungsspielraum zu haben und möglichst unabhängig zu sein, arbeiten Strategieminister gern in leitenden Funktionen oder als Selbstständige. Sie brauchen einen ruhigen Arbeitsplatz, an dem sie ungestört an ihren Ideen feilen und nachdenken können. Geistige Herausforderungen motivieren sie zu Höchstleistungen. Beziehungspflege und Teamwork sind ihnen zwar nicht fremd, bevorzugt aber arbeiten sie mit Gleichgesinnten (ADs), denen sie nicht viel erklären müssen. Allerdings brauchen Strategieminister auch Kolleginnen und Mitarbeiter, die sie bei den ungeliebten Detail- und Routinearbeiten unterstützen. Denn am allerliebsten nehmen IADOs neue Ideen in Angriff, die ihnen auch nie ausgehen.

Das liegt Strategieministern weniger

Strategieminister können so von ihren Ideen überzeugt sein, dass sie sich in diese verrennen. Haben sie sich einmal entschieden, können sie recht starr an ihrem Vorhaben festhalten. Ihr Team haben sie bis dahin nur wenig eingeweiht, weil sie nicht viel reden und zu wenig Rücksprache mit den Kolleginnen und Kollegen halten. Nur mangelhaft besprechen und durchdenken sie die einzelnen Schritte mit ihrem Team. Offensichtliche Hindernisse, die im Detail liegen, können sie ausblenden und Rückmeldungen dazu ignorieren.

Tipp: Üben Sie sich in Flexibilität. Finden Sie frühzeitig eine praktikable Form, um das gesamte Team einzubinden. Ob Chef oder Teammitglieder, weihen Sie alle in Ihre Ideen ein und nehmen Sie mögliche Einwände ernst. Beziehen Sie die Rückmeldung auf die Sache und nicht auf Ihre Person. Das erleichtert die Annahme von Argumenten anderer ungemein.

Strategieministern fehlt oft der Blick für die Schwierigkeiten der praktischen Umsetzung ihrer Entwürfe. Die konkrete Wahrnehmung ist bei ihnen nur schwach ausgeprägt, was viele auch (insgeheim) wissen. Ihr Blick richtet sich auf die Zukunft. Wenn es um die Umsetzung einzelner Punkte geht, eignen sich bevorzugt die Konkreten (K) im Team, weil sie die Probleme sehr viel pragmatischer angehen. Diese im Team zu kennen und sie zur rechten Zeit wertschätzend einzubinden ist die vornehme Aufgabe eines Strategieministers und ein absolutes Erfolgsrezept. Auch wenn es vielen IADOs schwerfällt, mit anderen darüber ins Gespräch zu kommen, ist das für eine erfolgreiche Arbeit unerlässlich.

Oft achten Strategieminister zu wenig auf die Bedürfnisse und Befindlichkeiten ihrer Kolleginnen und Kollegen. Nicht alle sind so sachorientiert und von innen heraus motiviert wie sie selbst, viele brauchen mehr Ansprache, Ansporn und Anerkennung. Auch auf ihre eigenen Gefühle sollten die Strategieminister, wie alle ADs, mehr achten und diesen mehr Raum geben. Je besser ihr Draht nämlich zu ihren eigenen Gefühlen wird, desto leichter können sie sich auch in ihr Gegenüber einfühlen. Ihre Beziehungen zu den einzelnen Teammitgliedern könnten hierdurch harmonischer und einfacher werden. Verstand und Gefühl gehören zusammen, um Spitzenleistungen generieren zu können. Strategieminister könnten sich das Leben leichter machen, wenn sie ihre FühlEntscheidung (F) und ihre Empathie ein wenig trainieren würden.

Tipp: Binden Sie Kolleginnen und Kollegen mit FühlEntscheider-Präferenz klug ein und besprechen Sie mit ihnen gemeinsam das Vorgehen im Team. Oder bitten Sie einen FühlEntscheider, die Moderation für ein Projekt zu übernehmen. Dieser sorgt für Ausgleich und für den richtigen Umgang untereinander. Dadurch haben Sie als Strategieminister bessere Chancen, Ihre Ideen an den Mann oder an die Frau zu bringen. FühlEntscheider sind für Strategieminister gute Berater in allen zwischenmenschlichen Fragen des Teams.

Gleiches gilt, wenn Strategieminister sich zu Projekten anderer äußern. Häufig kritisieren sie mit der besten Absicht, allerdings sehr unverblümt. Sie wundern sich dann, wenn die Betroffenen gekränkt reagieren und sie mit ihren gut gemeinten Verbesserungsvorschlägen verärgert abblitzen lassen.

Tipp: Schicken Sie Ihrer Kritik ein paar anerkennende Worte voraus. Auch wenn es aus Ihrer Sicht vielleicht überflüssig ist, werden Sie feststellen, dass Ihre Vorschläge danach bereitwilliger angenommen werden.

Wenn's eng wird: Strategieminister im Stress

In Stress geraten Strategieminister, wenn sie von zu vielen, in ihren Augen unwichtigen Details überschwemmt werden und zu viele Eindrücke auf sie einprasseln. Wie viele introvertierte Typen (I) reagieren Strategieminister empfindlich auf Lärm, zu viele Menschen, Geschäftigkeit und häufige Unterbrechungen. Sie brauchen dann Zeit für sich allein und ziehen sich innerlich zurück.

Anti-Stress-Tipps

- Entspannen Sie sich und gönnen Sie sich erst einmal einen erholsamen Schlaf.
- Nutzen Sie Ihre analytischen Fähigkeiten, um das Problem neu zu überdenken und mit dem nötigen Abstand eine Lösung zu planen.
- Sagen Sie alle Aktivitäten ab. Ziehen Sie sich zurück. Eine Denkpause und Ruhe zum Überlegen sind angesagt.

- Treiben Sie Sport oder machen Sie einen langen Spaziergang. Das bringt Sie wieder in Kontakt mit sich selbst.

Wie Strategieminister in Führung gehen

In Führungsrollen treten die Strategieminister kräftig und entschieden auf. Sie behalten dabei die Ziele und die Vision des Unternehmens im Blick. Manchmal vernachlässigen sie die Beziehungen zu ihren Mitarbeiterinnen und Mitarbeitern.

Tipp: Entwickeln Sie Ihre Sozialkompetenz weiter. Binden Sie F-Typen in Entscheidungen mit ein. Diesem Typus von Mitarbeiterinnen und Mitarbeitern fällt es leichter, die Auswirkungen von Entscheidungen auf Menschen vorauszusagen. Bedenken Sie, dass starke Beziehungen und stabile Kooperationen sich positiv auf die Arbeit auswirken.

Strategieminister sorgen dafür, dass ein vorgegebenes Ziel genau definiert und umgesetzt wird. In der Krise steuern sie konsequent auf die Problemlösung zu, sobald sie die Einzelteile zu einem Gesamtbild zusammenfügen können. Sie können sowohl zu sich selbst als auch zu anderen hart sein und arbeiten unerbittlich daran, große Projekte und ganze Systeme zu bewegen sowie unternehmensrelevante Ziele zu organisieren. Sie scheuen sich nicht, wenn nötig die ganze Organisation umzustellen. Sie schätzen Kompetenz, weniger wichtig ist ihnen dagegen ein Titel oder wie lange jemand schon eine Funktion ausübt.

Weil Strategieminister ehrgeizig sind, arbeiten sie sich häufig in Führungspositionen hoch. Ihre Stärke liegt in der Analyse als Ausgangsbasis für eine Strategie sowie in der Strategieentwicklung (mittel- und langfristige Ziele und Visionen). Außerdem lieben sie es, Prozesse mitzugestalten und voranzutreiben. Ihr Führungsstil ist wie ihr Arbeitsstil aufgabenorientiert. Ein gelungener Projektabschluss ist für Strategieminister die größte Genugtuung, dagegen verblassen alle Mühen auf dem Weg zum Erfolg. Entsprechend fern liegt ihnen auch die Idee, ihre Mitarbeiterinnen und Mitarbeiter für die geleistete Arbeit zu loben. Das frustriert diese, weil ihr Bemühen nicht angemessen gewürdigt wird.

Tipp: Achten Sie auf die Dinge, die funktionieren, und bringen Sie diese zur Sprache. Üben Sie sich darin, anderen auch positive Rückmeldungen zu geben. Das stärkt Ihre Souveränität und schenkt Ihren Mitarbeiterinnen und Mitarbeitern Anerkennung und Motivation.

So klappt es mit den Strategieministern!

- Kritisiert mich nicht für meine Ideen und Visionen, sondern setzt euch mit ihnen auseinander.
- Versucht offen zu bleiben und Neues auszuprobieren – auch wenn meine Vorschläge manchmal etwas ungewöhnlich sind.
- Ich brauche Zeit für mich, besonders an stressigen Tagen. Dann ziehe ich mich am liebsten in mein Büro zurück und grüble vor mich hin. Das tut mir gut, weil ich so am besten abschalten kann.
- Ich werde nie müde, mich weiterzuentwickeln – und wünsche mir das auch von anderen.
- Erwartet nicht zu viele Worte über die Art und Weise unserer Zusammenarbeit. Wenn ich mich dazu äußere, dann wohlüberlegt und aus tiefer Überzeugung. Erkennt auch meine hohe Loyalität zum Unternehmen an.
- Wenn wir miteinander im Team diskutieren, lasst mir bitte Zeit, meine Antworten reiflich zu überlegen, auch wenn es länger dauert als bei anderen. Werde ich gedrängt, schalte ich leicht auf stur oder sage Dinge, die ich vielleicht gar nicht so meine. Oder ich sage dann gar nichts mehr. Vor allem wenn

das Team über Zwischenschritte und Umsetzungsmodalitäten sprechen möchte, brauche ich Zeit, denn das ist nicht meine Stärke.

- Nehmt bitte meine Kritik nicht persönlich. Eigentlich meine ich es gut und möchte euch nur weiterhelfen, auch wenn ich das nicht immer so ausdrücken kann.
- Bitte überfordert mich nicht mit zu viel Spontaneität. Ich brauche einen klaren Zeitplan, vor allem wenn ich gestresst bin. Bitte kündigt rechtzeitig an, wenn sich etwas im Ablauf ändert. Schnellschüsse irritieren mich. Ich probiere zwar gern Neues aus, allerdings am liebsten geplant.

EADO: die Kompetenzminister im Job

Studieren macht Vergnügen, bildet den Geist
und erhöht die Fähigkeiten.
Francis Bacon

E = extravertiert
A = abstrakt
D = DenkEntscheider
O = organisiert

EADO
Kompetenzminister

Die tatkräftigen Kompetenzminister wissen, was sie wollen. Sie sind selbstbewusst und zielstrebig. Als geborene Analytiker betrachten und prüfen sie ihre Umgebung aus einer kritischen Distanz und erfassen eine Situation schnell. Dabei springen ihnen Fehler und Widersprüche sofort ins Auge. Sie betrachten komplexe Sachverhalte und Aufgabenstellungen gern von immer neuen Seiten und entwickeln Ideen für mögliche Lösungen, die sie dann energisch und konsequent umsetzen. Haben sie sich einmal eine Meinung gebildet, sind sie nicht so leicht davon abzubringen. Da sie sich aber gern intellektuell herausfordern lassen, diskutieren sie mit anderen über unterschiedliche Standpunkte und lassen sich bisweilen doch überzeugen, wenn das Gegenüber durch Kompetenz und Schlagfertigkeit besticht. Schließlich ist ein EADO immer gern bereit, dazuzulernen und sich neuen Herausforderungen zu stellen.

Wie alle ADs sind auch Kompetenzminister stark auf die Zukunft orientiert. Sie richten ihren Blick nicht auf die Vergangenheit oder Gegenwart, sondern auf das, was in Zukunft sein könnte, auf Möglichkeiten und potenzielle Veränderungsprozesse. Dabei steht für Kompetenzminister meist die Sache im Mittelpunkt, weniger die zwischenmenschlichen Aspekte. Sind EADOs mit einem Sachverhalt oder Ergebnis unzufrieden, teilen sie ihre Kritik spontan und offen mit. Dass sie damit andere verletzen könnten, kommt ihnen nicht in den Sinn. Insbesondere männliche Kompetenzminister machen sich über die (gefühlsmäßige) Wirkung ihrer Worte oft wenig Gedanken.

Da der Kompetenzminister zu den organisierten Typen (O) gehört, setzt er nicht nur Ideen in die Welt, die von anderen umgesetzt werden müssen, sondern kann diese auch selbst verwirklichen. Obwohl auch ihm Routine- und Detailarbeiten lästig sind, bringt er die nötige Disziplin auf, sie trotzdem zu erledigen, wenn es nötig ist. Seine Kommunikationsstärke (E) hilft ihm dabei, andere für seine Ideen zu begeistern und sie als Mitstreiter zu gewinnen – zumal er sehr unterhaltsam und witzig sein kann. In Kombination mit seiner recht bestimmenden Art wird ein EADO fast automatisch zum »Anführer« und organisiert am liebsten alles und jeden um sich herum im Dienste seiner ehrgeizigen Ziele. Diese bestimmen sein Leben so sehr, dass es ihm schwerfällt, sich zu vergnügen oder einfach mal gar nichts zu tun.

Kompetenzminister im Team

E = sorgen für Kommunikation im Team und nach außen
A = prüfen und finden mögliche Lösungswege
D = analysieren kritisch
O = planen und terminieren

Das liegt Kompetenzministern

Überall, wo strukturiertes Arbeiten, Organisationstalent und Problemlösungskompetenz gefragt sind, vor allem im technischen oder wirtschaftlichen Bereich, können Kompetenzminister ihre Qualitäten – gern im Managementbereich – zur Geltung bringen. Aber auch in sozialen Organisationen kann ein EADO in der Führungsetage wertvolle Arbeit leisten.

Sein Ehrgeiz treibt den EADO zu harter Arbeit an, wenn er ein Ziel erreichen will, mit dem er sich identifizieren kann. Er braucht die intellektuelle Herausforderung und analysiert gern komplexe Sachverhalte, um einen neuen Lösungsansatz zu entwickeln. Auch die Organisation einer möglichst effektiven Umsetzung sowie die Kommunikation mit den Teammitgliedern nimmt er selbst in die Hand.

Kompetenzminister sind offen für Neues und Originelles. Sie halten sich nur an Regeln, wenn sie diese sinnvoll finden. Ansonsten sind sie eher nonkonformistisch, obwohl sie sehr diszipliniert arbeiten und das auch von anderen erwarten. Sie können schnell ungeduldig werden, wenn jemand ihre Ideen nicht gleich versteht oder einen folgenschweren Fehler macht. Im Zweifel gehen sie für ihre Standpunkte in Konfrontation, auch mit Vorgesetzten. Denn sie sind sachorientiert, da ist ihnen Harmonie weniger wichtig als Effizienz – vor allem wenn es um die Durchsetzung ihrer Ziele geht. Das macht die Zusammenarbeit mit ihnen nicht immer einfach, was aber durch ihre gesellige und sympathische Art erträglicher wird.

Das liegt Kompetenzministern weniger

Obwohl sie Kopfmenschen sind und ihre Ideen logisch analysieren, fällen Kompetenzminister ihre Entscheidungen oft zu schnell. Sie wollen Dinge möglichst rasch abschließen und haben dann eigentlich noch nicht genügend Informationen und Argumente gesammelt, um zu einer fundierten Entscheidung zu kommen. Zudem vernachlässigen sie die Gefühlsebene bei ihren Entscheidungen.

Tipp: Es täte Ihnen gut, eine Entscheidung so lange offenzuhalten, bis Sie ausreichend Informationen gesammelt haben. So stellen Sie sicher, dass eine Entscheidung auch wirklich auf sicheren Füßen steht.

Kompetenzminister befassen sich nicht gern mit Details und »Kleinkram«, weshalb ihre – zum Teil großartigen – Ideen an der praktischen Umsetzung scheitern können. Manchmal beißen sich EADOs auch stur und gegen alle Widerstände an einem Plan fest, der nicht realisierbar ist – und wollen das nicht wahrhaben. Sie könnten es sich leichter machen, wenn sie Ratschläge von anderen im Team einholten und diese ernst nähmen. Vor allem Menschen, die über eine konkrete Wahrnehmung (K) verfügen, haben einen guten Blick für die praktischen Probleme, die sich bei der Umsetzung eines Plans auftun können.

Tipp: Nehmen Sie immer wieder die Beobachterperspektive ein und prüfen Sie, ob Ihre Pläne noch umsetzbar sind oder Korrekturen beziehungsweise alternative Lösungen brauchen. Lassen Sie auch den Gedanken zu, dass man einen Plan aufgeben kann, wenn er sich als nicht realisierbar erweist. Grundsätzlich täte es Ihnen gut, wenn Sie sich mehr in Gelassenheit und Loslassen üben würden. Hierfür könnte es Ihnen auch helfen, sich weniger auf Ihre Karriere und mehr auf Lebensfreude und Genuss zu fokussieren.

Der EADO neigt auch dazu, den »Faktor Mensch« zu unterschätzen. Durch seine direkte Art tritt er Mitarbeitern und Kolleginnen öfter auf die Füße. Das kann die anderen demotivieren oder zu Widerständen in Form von kleinen Sabotageakten führen. Um das zu verhindern, sollten sich Kompetenzminister von FühlEntscheidern (F-Typen) beraten lassen. Sie nehmen die Bedürfnisse und Wünsche anderer in der Regel gut wahr und sorgen so für ein Plus an Harmonie und Kooperationsbereitschaft im Team.

Tipp: Befassen Sie sich mehr mit Ihrem eigenen Gefühlsleben, achten Sie darauf, was Sie gerade fühlen, wie sich eine Entscheidung anfühlt etc. So verbessern Sie Ihr Einfühlungsvermögen und können auch anderen gegenüber mehr Empathie zeigen.

Wenn's eng wird: Kompetenzminister im Stress

Bei noch kontrollierbarem leichtem Stress versucht der Kompetenzminister verstärkt, Kontrolle auszuüben und das innere Durcheinander zu verbergen. Er wird leicht dogmatisch und hält oft krampfhaft an seinen Positionen fest. Das Umfeld wird stark in die Mitverantwortung genommen.

Wenn der Stress größer wird, fühlt sich der Kompetenzminister leicht isoliert und verliert seine sonst gut ausgeprägte souveräne Haltung. Er reagiert (über-)empfindlich und hat das Gefühl, dass andere gegen ihn sind.

Anti-Stress-Tipps

- Klären Sie wichtige Grundpositionen mit Ihrem Team beziehungsweise mit Ihren Kolleginnen und Kollegen.
- Sprechen Sie mit Freunden, die Ihnen eine klare und unabhängige Analyse bieten.
- Holen Sie sich Feedback oder bitten Sie vertraute Menschen im Unternehmen um ihre persönliche Einschätzung.
- Es wirkt oft Wunder, wenn Sie den Menschen im Team oder Vertrauten im Unternehmen mitteilen, was Sie gerade empfinden und wie es Ihnen im Moment mit dem Projekt geht.

Wie Kompetenzminister in Führung gehen

Sie sind ehrgeizig und möchten ihre Ideen umsetzen – also streben Kompetenzminister ganz selbstverständlich Führungspositionen an. Bescheiden im Hintergrund zu agieren ist ihre Sache nicht. Ihr Platz ist vorn in der ersten Reihe. Hier möchten sie nicht nur ihre eigenen Kompetenzen, sondern auch die ihrer Mitarbeiter möglichst gewinnbringend einsetzen. Ist ihr DenkEntscheider-Anteil nicht allzu hoch – was bei Frauen eher der Fall ist –, sind sie oft besonders gute und auch beliebte Vorgesetzte, die nicht nur klar und transparent führen, sondern ihre Mitarbeiterinnen und Mitarbeiter auch wertschätzen.

EADOs gehen objektiv an Situationen und Aufgaben heran. Ihr Blick ist darauf gerichtet, ob die erreichten Ergebnisse den langfristigen Zielen entsprechen. Dabei gehen sie logisch und entschieden vor und scheuen weder unpopuläre Entscheidungen noch Risiken. Ihre Arbeitsenergie und Begeisterung wirken auch auf ihre Mitarbeiterinnen und Mitarbeiter ansteckend, die auch den Witz und die Schlagfertigkeit ihrer Vorgesetzten schätzen.

Tipp: Entwickeln Sie Ihre Sozialkompetenz weiter und binden Sie auch F-Typen in Entscheidungen mit ein. Diesem Typus fällt es leichter, die Auswirkungen von Führungsentscheidungen auf Menschen und das ganze Unternehmen vorauszusagen. Verlassen Sie sich nicht allein auf Rationalität und Zielerreichung.

Bei der Personalauswahl gehen Kompetenzminister rational vor und wünschen sich unabhängige und unabhängig denkende Mitarbeiterinnen und Mitarbeiter in ihrem Umfeld, die sie bei der Zielerreichung unterstützen. Sie achten darauf, andere gerecht zu behandeln und Ressourcen maximal auszuschöpfen. Dabei treffen sie nicht selten Personalentscheidungen, die Entrüstung und Widerstand hervorrufen, weil für sie nicht die menschlichen Belange im Mittelpunkt stehen, sondern effizientes Arbeiten. Das kann für das Team und das Unternehmen negative, sogar katastrophale Auswirkungen haben.

Tipp: Nehmen Sie sich vor größeren Entscheidungen mehr Zeit zum Nachdenken. Berücksichtigen Sie alle Seiten und nehmen Sie die Auswirkungen Ihrer Entscheidung mit in Ihre Bilanz auf. Verfahren Sie nach dem Prinzip Schriftlichkeit: Fixieren Sie alle Argumente, Pros und Contras schriftlich und entscheiden Sie erst dann. Dadurch ist Ihre Entscheidung fundierter und findet eine höhere Akzeptanz im Unternehmen.

Kompetenzminister sind als Vorgesetzte nicht unbedingt beliebt, aber unter ihrer Führung wird meist sehr gute Arbeit geleistet. Sie führen und kommunizieren mit Energie, Spannung und Begeisterung. Sie bevorzugen eher die mündliche als die schriftliche Kommunikation: kurz und bündig, genau und analytisch. Bei langatmigen, detaillierten Ausführungen werden sie ungeduldig und drängen auf kompakte und auf den Punkt kommende Gespräche. Gern diskutieren sie das Für und Wider verschiedener Optionen, aber es müssen nicht alle Details zur Sprache kommen. Sie überzeugen durch vernünftige Argumente, weniger durch Emotionen und Wertvorstellungen.

So klappt es mit den Kompetenzministern!

- Ich tausche mich gern mit euch aus und stelle euch meine Ideen und Visionen vor. Bitte hört mir zu und diskutiert mit mir – aber erst mal nicht über Details, die sind mir anfangs nicht so wichtig.
- Versteht bitte, dass ich Herausforderungen brauche und immer weiterkommen will. Ich freue mich, wenn ihr mich bei meinem Bestreben nach Wachstum und Entwicklung begleitet.
- Vertraut auf meine Kompetenz und stellt sie nicht vor anderen infrage.
- Sagt mir unter vier Augen bitte offen, wenn ich etwas übersehen habe oder euch etwas stört oder irritiert! Nur wenn wir miteinander sprechen, kann ich etwas an mir ändern.
- Arbeit ist mir wichtig, ich will beruflich vorankommen. Helft mir, dabei das Zwischenmenschliche nicht zu vernachlässigen.
- Nehmt meine Kritik oder kühle Rückmeldungen bitte nicht persönlich! Ich will sachlich Argumente austauschen, aber nicht überheblich sein und niemanden kränken.

- Weicht den Auseinandersetzungen mit mir nicht aus. Es beeindruckt mich, wenn ihr mit mir diskutiert und mich am Ende vielleicht sogar mit euren Argumenten überzeugt.
- Pünktlichkeit und Zuverlässigkeit sind mir wichtig. Wenn ihr euch nicht daran halten könnt, sagt mir bitte rechtzeitig Bescheid und erklärt es mir.
- Ich lege Wert auf Routine und Struktur, weil ich wissen will, was mich erwartet.

IAFL: die Tugendminister im Job

Nur in Ausübung der Tugend lernt man sie kennen.

Heinrich Martin

I = introvertiert
A = abstrakt
F = FühlEntscheider
L = locker

IAFL
Tugendminister

Die Handlungen und Haltungen der Tugendminister werden von einer starken inneren Werteorientierung gesteuert, und zwar unabhängig von den Urteilen anderer. Vor allem soziale und zwischenmenschliche Werte stehen bei ihnen an erster Stelle. Dafür sind sie auch bereit zu kämpfen, wenn es sein muss, sogar an vorderster Front, obwohl sie sich sonst eher bescheiden zurücknehmen. Vor allem bemühen sie sich im täglichen Leben, die Welt und auch sich selbst besser und humaner zu machen.

Ihre hohen Wertmaßstäbe legen sie vor allem bei sich selbst an, weil sie mit sich und der Welt in Einklang leben wollen. Sie sind sehr selbstreflektiert und selbstkritisch und stellen sich gern in den Dienst einer guten Sache. Die Tugenden, für die sie sich starkmachen, verkörpern sie auch selbst, sind zugewandt, interessiert, aufmerksam, hilfsbereit, großzügig, verlässlich und loyal. Sie wissen instinktiv, wie sie andere Menschen erreichen und ihre Anliegen kommunizieren können. Ihre sympathische Art und ihre großen emotionalen Kapazitäten unterstützen sie dabei.

Sie sind flexibel und anpassungsfähig, geben aber nicht viel von sich preis. In ihrem Bemühen um Harmonie und Ausgleich nehmen sie sich selbst oft sehr zurück und behalten ihre Unzufriedenheit, Enttäuschung oder ihren Ärger meist für sich, selbst wenn es ihrer (seelischen) Gesundheit schadet. Mit ihrer hohen Sensibilität versuchen sie, andere auf einer tieferen Ebene zu verstehen. Dabei stellen sie ihre eigene Person bescheiden in den Hintergrund – obwohl sie sich dieses Verständnis umgekehrt auch insgeheim wünschen. Vor allem aber geht es ihnen darum, andere dabei zu unterstützen, ihren Weg zu finden und ihre Talente zu entwickeln.

Obwohl sie innerlich aufgeräumt sind, sieht es an ihrem Arbeitsplatz oft eher unordentlich und chaotisch aus. Sie trennen sich schwer von Dingen, an denen Erinnerungen hängen, und arbeiten zudem gern an mehreren Projekten gleichzeitig – die sie allerdings nicht immer zu Ende bringen. Da ihr Blick auf übergeordnete Zusammenhänge und Zukünftiges gerichtet ist (A), fehlt ihnen oft der Sinn für die praktische Umsetzung von Vorhaben.

Tugendminister im Team

I = erfassen die Komplexität der Aufgabe
A = prüfen und finden mögliche Lösungswege
F = vermitteln Akzeptanz der Lösungen im Team und im Unternehmen
L = sind offen für neue Faktoren und sichern Flexibilität

Das liegt Tugendministern

Harmonie ist ein zentrales Anliegen der Tugendminister, deshalb versuchen sie stets, Einigkeit und Kooperation zu fördern. IAFLs können meisterhaft Komplimente machen und ermutigen Kolleginnen und Kollegen gern mit einem Schulterklopfen oder einer anderen Geste.

Bei ihrer Arbeit steht nicht das Geldverdienen im Vordergrund, sondern die Übereinstimmung mit ihrem inneren Wertesystem. Deshalb findet man sie meist in sozialen Berufen, als Psychologe, Beraterin, Lehrer, Entwicklungshelferin, Sozialarbeiter oder Krankenpflegerin. Tugendminister können zwar gut alleine arbeiten, sind aber auch echte Teamplayer – obwohl sie introvertiert sind. Auch hier ist es ihnen wichtig, dass im Team dieselben Werte geteilt werden und alle für eine gute Sache arbeiten. Außerdem bemühen sie sich um ein angenehmes Arbeitsklima, in dem konstruktiv und effektiv gearbeitet wird. Wenn sie sich zu stark an ein Team anpassen müssen, kann das für sie kräftezehrend und ermüdend sein. Aber gleichzeitig können sie sich ein Leben in Isolation nicht vorstellen. Tugendminister bevorzugen eine ruhige Arbeitsumgebung, sind dabei aber außerordentlich gern mit anderen in Kontakt – idealerweise in kleinen Projektgruppen oder in einem Zweierteam.

Tugendministern ist es nicht wichtig, das Wort zu führen. Sie brauchen auch nicht allzu viel Eigenständigkeit und Freiheit, um ihre Kreativität zu entfalten und effektiv zu arbeiten. Vor allem, wenn sie sich um ungeliebte Routine- und Detailarbeiten kümmern müssen, hilft ihnen ein klarer Zeitplan, um sich nicht zu verzetteln. Denn ihr Perfektionismus hindert sie oft daran, ein Projekt zügig abzuschließen. Lieber ist es ihnen ohnehin, sich nicht um Routineaufgaben kümmern zu müssen, sondern neue Wege ausprobieren zu können.

Das liegt Tugendministern weniger

Ihr stark empathisches Wesen kann sie leicht dazu verleiten, ihre eigenen Bedürfnisse zu vernachlässigen. Zuverlässig und pflichtbewusst wie sie sind, können sie sich damit auch selbst überfordern – zumal sie alles dafür tun, um ihre hohen Werte zu leben. Anderen Standpunkten gegenüber können sie dann sehr ablehnend sein.

Tipp: Gehen Sie sorgsam mit Ihrer Zeit und Energie um, damit Sie nicht psychisch ausbrennen. Verschließen Sie sich nicht gegenüber anderen Haltungen. Diese können durchaus berechtigt sein und Ihnen neue Einsichten ermöglichen.

IAFLs können in praktischen Dingen umständlich und unbeholfen sein. Da bleibt so manches liegen und wird vergessen, weil sie sich in ihren Gedanken verlieren. Die Umsetzung von Projekten zählt deshalb nicht zu ihren Stärken. Manchmal merken sie dann zu spät, dass sich ein Plan nicht verwirklichen lässt.

Tipp: Geben Sie Ihren Vorgesetzten oder dem Team regelmäßig Informationen über den Stand der Arbeit und bitten Sie um konkretes Feedback, vor allem aus der Gruppe der Konkreten und der DenkEntscheider. Sammeln Sie die Rückmeldungen in einer Art Brainstorming und berücksichtigen Sie die Details bei der praktischen Umsetzung. Vergessen Sie nicht die positive Rückmeldung an die Unterstützerinnen und Unterstützer.

Tugendminister sind stark an ihren Werten und Tugenden orientiert und versuchen mit viel Ehrgeiz und Perfektionismus, diese zu verwirklichen. Da ihre hoch gesteckten Ideale jedoch kaum erreichbar sind, kann ihr kritischer Blick auf sich selbst leicht in Selbstzweifel münden und ihr Selbstwertgefühl beschädigen. Das kann sie auch in ihrer Arbeit lähmen. Sie sollten ihre wohlwollende Haltung anderen gegenüber stärker sich selbst entgegenbringen – was ihnen aber sehr schwer fällt.

Tipp: Nehmen Sie die Gegenwart, das aktuelle Projekt, den Stand der Arbeit stärker in den Blick und richten Sie diesen nicht nur auf die Zukunft und die Ziele, die Sie erreichen wollen. Schaffen Sie Frei-Räume im Team und sprechen Sie über die erbrachte Leistung. Bringen Sie Unklarheiten zur Sprache. Holen Sie sich im Team oder im Unternehmen eine Rückmeldung über Ihre Arbeit. Dieser Blick von außen hilft Ihnen, sich ein objektiveres Bild von Ihrer eigenen Arbeit zu verschaffen. Das ist ein wichtiger Schritt, um Ihr Selbstwertgefühl zu stabilisieren und sich besser vor Stress zu schützen.

Wenn's eng wird: Tugendminister im Stress

Bei leichtem Stress stellt sich bei Tugendministern ein Gefühl der Unzulänglichkeit ein, sie fühlen sich unfähig und sind wie gelähmt. Negative Stimmungen und Selbstzweifel breiten sich aus. Die Tugendminister wirken nicht mehr so authentisch. Am liebsten würden sie ständig eingreifen, um reale oder vermutete Fehler zu korrigieren. Es fällt ihnen unter Stress schwer, die Dinge laufen zu lassen.

Erhöht sich der Stress weiter, neigen Tugendminister zu Schwarz-Weiß-Denken. Sie werden schnell aggressiv und können bestimmend werden. Der sonst großzügige Tugendminister kann unter starkem Stress kleinkariert wirken, pocht dann permanent auf Ordnung, Genauigkeit, Analyse und »irgendeine« Logik.

Anti-Stress-Tipps

- Warten Sie einfach geduldig ab und legen Sie eine kleine Pause ein: Die Ereignisse entwickeln sich oft wie von selbst und verändern dann wieder den Blick auf das Projekt. Kommt Zeit, kommt Rat.
- Gehen Sie in sich oder meditieren Sie. Finden Sie Raum und Zeit für sich selbst. Werden Sie sich Ihrer eigenen Werte und Fähigkeiten neu bewusst. Bringen Sie Ihre volle persönliche Autorität ein – dann sind Sie authentisch und wieder in Ihrer Kraft!
- Machen Sie etwas ganz für sich allein. Das beruhigt und Sie kommen wieder zu sich selbst und zu Ihrer ureigenen Kraft.
- Machen Sie einen langen Spaziergang. Kommen Sie im Gehen auf andere Gedanken. Ablenkung hilft, um aus dem Gedankenkarussell auszusteigen.

Wie Tugendminister in Führung gehen

Selten reißen sich Tugendminister um Führungspositionen, was verschiedene Gründe hat: Zum einen stehen sie ungern im Mittelpunkt, sie erledigen ihre Aufgaben lieber unbeobachtet. Es widerstrebt ihnen außerdem, ihre Kompetenz ständig unter Beweis stellen zu müssen. Zum anderen fällt es ihnen schwer, sich durchzusetzen und Kritik anzubringen, auch wenn diese berechtigt ist. Ärger und Unzufriedenheit schlucken sie um der Harmonie willen lieber herunter. In Führungspositionen könnten sie immer wieder in unangenehme Situationen kommen, insbesondere wenn ihre Mitarbeiterinnen und Mitarbeiter gegensätzliche Interessen und Meinungen an sie herantragen, die nicht einvernehmlich zu lösen sind.

Tugendminister tun sich in Führungssituationen, in denen es eine klare und harte Entscheidung braucht, sehr schwer. In krisenhaften Situationen haben sie vor allem die betroffenen Menschen im Blick, auch wenn eine Sachentscheidung getroffen werden muss.

Tipp: Berücksichtigen Sie neben den Beziehungsaspekten stärker die Fakten und die Logik der Dinge. Entwickeln Sie die Fähigkeit, Nein zu sagen. Beziehen Sie die Konkreten im Umfeld stärker mit ein, um auch auf die relevanten Fakten einen klareren Blick zu bekommen.

Auch wenn sie Führungsposten nicht anstreben, verfügen IAFOs durchaus über Führungsqualitäten. Sie führen freundlich, aber hartnäckig mit ganz individuellen Methoden. Mit ihrem eigenen Einsatz für eine gute Sache stecken sie andere oft an. Ihr Blick richtet sich außerdem auf die Stärken der Mitarbeiterinnen und Mitarbeiter, die sie auch wertschätzen und loben und denen sie viel Handlungsspielraum und Eigenverantwortlichkeit gewähren. Sie achten auf eine harmonische und kollegiale Zusammenarbeit und versuchen Konkurrenz und Streit im Team zu vermeiden.

Tipp: Verstärken Sie den Einsatz von Management-Tools. Wenden Sie das Führungshandwerk im Bereich Projektmanagement, Zeitmanagement und Ablagesystem an. Entwickeln Sie Aktionspläne und führen Sie diese konsequent durch, um ihre Wirksamkeit zu erhöhen. Lassen Sie sich bei der Entwicklung und Umsetzung von den Organisierten im Team darin unterstützen.

So klappt es mit den Tugendministern!

- Ich brauche immer ein bisschen Zeit, um mich zu öffnen. Habt bitte ein wenig Geduld mit mir und unterstützt mich freundlich.
- Wertet meine Gefühle bitte nicht als übertrieben, sondern versucht mich zu verstehen, auch wenn ihr anders empfindet als ich oder weniger emotional seid.
- Meine sozialen Werte sind mir sehr wichtig, und ich wünsche mir, dass ihr sie teilt und sie die Basis für unsere Zusammenarbeit bilden.
- Bitte erzählt mir von dem, was in euch vorgeht, damit ich daran teilhaben kann. Es interessiert mich, was ihr denkt und fühlt.
- Lasst uns nicht nur über Sachthemen reden, sondern über Gefühle und Visionen.
- Respektiert bitte, dass ich häufiger Zeit für mich allein brauche, um meinen Gedanken nachzuhängen. Danach bin ich umso präsenter und gerne wieder mit euch zusammen.
- Ich möchte mich persönlich weiterentwickeln und gleichzeitig im Team performen.
- Es fällt mir schwer, mich stur an Vorgaben zu halten, lieber ist mir Spontaneität – sofern sie möglich ist.
- Stört euch nicht an meinem Chaos. Ich brauche eine gewisse Vielfalt und kreative Unordnung.

- Weil ich so perfektionistisch bin, finde ich bei der Arbeit manchmal kein Ende. Unterstützt mich dabei, auch mal nicht perfekt sein zu müssen, und wertschätzt, was ich trotzdem leiste.

EAFL: die Ideenminister im Job

Ohne Begeisterung, welche die Seele
mit einer gesunden Wärme erfüllt,
wird nie Großes zustande gebracht.

Adolph Knigge

E = extravertiert
A = abstrakt
F = FühlEntscheider
L = locker

EAFL
Ideenminister

Ideenminister sind nicht nur begeisterungsfähig, sondern geradezu enthusiastisch. Das steckt auch ihre Umgebung an. Immer wach und in Empfangsbereitschaft beobachten sie alles um sich herum und öffnen sich für neue Eindrücke. Das lässt ihre Ideen sprudeln und sie voller Energie und Tatendrang in neue Projekte starten. Am liebsten sind sie mit mehreren Dingen gleichzeitig beschäftigt. Ihre Visionen und ihr gutes Gespür für neue Möglichkeiten sowie für die Potenziale ihrer Mitmenschen lässt sie immer wieder erfolgversprechende Vorhaben anstoßen. Da sie optimistisch sind und sehr unkonventionell denken, finden sie für praktisch jedes Problem eine oft originelle Lösung. Dafür sind sie auch bereit, Risiken einzugehen.

Das spiegelt sich auch in ihrem Berufsweg. Dieser verläuft nur selten geradlinig, meist eher unkonventionell. Ideenminister wechseln von allen Typen am häufigsten ihren Beruf. Das liegt vor allem daran, dass sie sich immer dann gern verabschieden, wenn ihnen zu viel Routine abverlangt wird oder die Zwänge von Institutionen sie einengen. Sie suchen sich dann neue Herausforderungen bei kreativen Tätigkeiten, bei denen sie vielseitig und flexibel arbeiten können und ihr abstraktes Denken für neue Ideen und unkonventionelle Lösungen gefragt ist.

Wo Ideenminister sind, wird es lebendig und vergnüglich. Sie sind gern in Gesellschaft und meist auch beliebt, verfügen über tragfähige soziale Netzwerke, manchmal sogar über eine gewisse »Anhängerschaft«, die bei den ausstrahlungsstarken Ideenministern Inspiration sucht. Wegen ihrer Sprachgewandtheit werden sie zudem als amüsante und witzige Unterhalter geschätzt. Allerdings können sie auch impulsiv sein und andere (ungewollt) verletzen, wenn sie unverblümt ihre Meinung sagen. Ansonsten scheuen sie Konflikte, weil sie sich eigentlich nach Harmonie und Anerkennung sehnen.

Dem steht jedoch ihr Drang nach Unabhängigkeit im Weg sowie ihr Bedürfnis, möglichst viele intensive emotionale Erfahrungen zu machen – obwohl diese auch ein gewisses Unbehagen in ihnen auslösen, was sich dann in ihrer Neigung zum Dramatisieren und in Stimmungsschwankungen zeigt.

Ideenminister im Team

E = sorgen für Kommunikation im Team und nach außen
A = prüfen und finden mögliche Lösungswege
F = vermitteln Akzeptanz der Lösungen im Team und im Unternehmen
L = sind offen für neue Faktoren und sichern Flexibilität

Das liegt Ideenministern

Ihr guter Riecher für alles, was in Zukunft möglich wäre und Erfolg verspricht, kann nicht nur den Ideenministern selbst, sondern auch dem Unternehmen, für das sie arbeiten, von großem Nutzen sein. Die Ideen gehen ihnen schließlich nie aus – nicht selten aber die Puste, wenn es ums Durchhalten geht. Deshalb sind sie für das Anstoßen von Projekten und für deren Anfangsphase wie geschaffen.

Auch wenn es darum geht, spontan und flexibel zu reagieren oder zu improvisieren, können sie ihre Stärken ganz entfalten. Dann können sie in ihrer Arbeit vollkommen aufgehen und schier unermüdlichen Einsatz zeigen – gelegentlich bis hin zur totalen Erschöpfung.

Eine Trennung von Arbeit und Freizeit kennen sie ohnehin nicht, zumal ihr Beruf auch ihre Berufung ist. Sie suchen Spaß an der Arbeit, der sich verbinden sollte mit ihren humanitären Werten, denn die Arbeit für eine gute Sache ist ihnen wichtiger als das Geldverdienen.

Ob als Lehrer, Berater oder im kreativen Bereich – Ideenminister brauchen ein Arbeitsumfeld, in dem sie sich möglichst frei entfalten können. Deshalb wählen viele von ihnen die Selbstständigkeit, um auf jeden Fall der Kontrolle und hierarchischen Strukturen zu entgehen. Gelingt ihnen das (vorübergehend) nicht, setzen sie alles daran, Regeln zu verändern oder zu umgehen. Da sie sich auch mit Details und Routinetätigkeiten nicht beschäftigen wollen, brauchen sie in ihrem Team Kolleginnen und Kollegen, die sich mit Freude darum kümmern.

Das liegt Ideenministern weniger

So enthusiastisch Ideenminister Projekte anstoßen können, so schwer fällt ihnen das Durchhalten. Während der Realisierung geht ihre anfängliche Begeisterung nämlich allzu oft verloren. Ideenminister interessiert vor allem das Neue, deshalb besteht die Gefahr, dass sie vieles anfangen, ohne es abzuschließen. Sie müssen sich regelrecht zwingen, ihre Ideen gründlich auf ihre praktische Umsetzbarkeit hin zu überprüfen – oder diese Aufgabe an Kolleginnen oder Kollegen, am besten an alle KDs, abgeben.

Tipp: Sprechen Sie im Kollegenkreis Ihre Präferenzen offen an, damit Transparenz in manche Entscheidungen kommt und Enttäuschungen reduziert werden. Hier hat der Ideenminister eine große Verantwortung im Team.

Ideenminister legen sich nicht gern fest. Langfristige Planungen, die ein gewisses Zeitmanagement erfordern, sind für sie eine echte Herausforderung. Organisation und Pünktlichkeit bleiben dabei regelmäßig auf der Strecke. Am liebsten legen sie spontan los, sobald eine Idee geboren ist. Diesem Impuls sollten sie widerstehen lernen und sich zwingen, ihre Ideen zuerst zu Ende zu denken und die Abläufe realistisch zu planen. Ihre Offenheit und Neugier für neue Eindrücke macht sie leicht ablenkbar. Deshalb geraten sie auch immer wieder unter Zeitdruck.

Tipp: Achten Sie mehr auf Details und Routinen. Sie sind sinnvoll und wichtig, denn Leadership und Management gehören zusammen. Üben Sie sich in Umsetzungstools wie Erledigungslisten. Holen Sie sich Rat bei den Organisierten (O) im Team und erstellen Sie Prioritätenlisten. Wenn Sie geneigt sind, sich einer anderen Tätigkeit oder Ablenkung hinzugeben, sollten Sie sich vorher kurz der Frage widmen, ob dies wirklich jetzt sein muss.

Mit Fakten und Details befasst sich der Ideenminister nur widerwillig, weshalb ihm ein realistischer Blick auf die Arbeit verloren gehen kann. Es besteht die Gefahr, dass sie sich zu lange mit erfolglosen Projekten aufhalten und die Menschen in ihrer Umgebung falsch einschätzen.

Tipp: Befassen Sie sich mehr mit den Details und Fakten Ihrer Arbeit und trainieren Sie bewusst Ihre rationalen Fähigkeiten (D) und Ihre konkrete Wahrnehmung (K). Binden Sie bei Entscheidungen, bei denen es um konkrete und kleinteilige Schritte geht, die Konkreten in Ihrem Team mit ein. Deren andere Wahrnehmung hilft Ihnen in dieser Situation weiter und ist für Sie äußerst wertvoll.

Wenn's eng wird: Ideenminister im Stress

Bei Stress übersteigern die impulsiven Ideenminister ihre starken Gefühle noch, sie können dann sogar aggressiv und hysterisch werden und neigen zu Gefühlsschwankungen. Vor allem (vermeintliche) persönliche Kränkungen sind häufig Auslöser für starke Gefühle. Hier sollte der EAFL sich wachsam im Auge behalten und nicht gleich jedem Gefühl Raum geben, sondern sich ganz bewusst vornehmen, sich zu zügeln und seine Interpretationen des Geschehens kritisch zu hinterfragen.

Bei starkem Stress verliert der Ideenminister die Begeisterung, den Optimismus und seine Lebensenergie. Nichts macht ihm mehr Spaß. Er zieht sich zurück, wird (eher) depressiv, traurig und verzweifelt.

Anti-Stress-Tipps

- Reagieren Sie nicht sofort! Bitten Sie das Gegenüber um eine kleine Auszeit oder Bedenkzeit.
- Tauschen Sie sich mit Freundinnen und Freunden (oder sehr vertrauten Kollegen) aus, teilen Sie sich mit – und zwar in einem Kontext, in dem nicht bewertet wird.
- Machen Sie Sport, schlafen Sie länger, essen Sie gesund, gehen Sie zu einer Massage. Kommen Sie wieder bei sich selbst an. Spüren Sie sich selbst, das beruhigt und bringt Ihnen die innere Ruhe zurück.
- Nehmen Sie Kontakt zu Menschen auf, von denen Sie Wärme, Freundlichkeit und Nähe erwarten können.

Wie Ideenminister in Führung gehen

Ideenminister sind sowohl gute Teamarbeiter als auch fähige Führungskräfte. Sie fühlen sich von Menschen inspiriert und energetisiert und können auch umgekehrt andere für ihre Ideen und für die gemeinsame Arbeit begeistern und mutig in die Zukunft führen. Ihre Qualitäten zeigen sie, wenn »Führung mit Vision« gefragt ist. Sie sind durch und durch »Personalentwickler«. EAFLs verbreiten meist gute Laune und Optimismus. Sie lieben ein kollegiales und freundliches Arbeitsklima und setzen sich hierfür auch ein, unabhängig davon, ob sie als Vorgesetzte oder als Kolleginnen tätig sind. Sie können relativ schnell erkennen, wo es im Team und in Arbeitsprozessen Übereinstimmungen gibt und wo Differenzen. Sie können vermittelnd aushandeln, zum Wohle der ganzen Gruppe. Ihre Begeisterungsfähigkeit, ihr innovatives Denken und ihr sehr feines Gespür für die Fähigkeiten ihrer Mitarbeiterinnen und Mitarbeiter verschaffen ihnen hervorragende Führungsqualitäten, denen andere gern folgen. Sie entwickeln persönliche Beziehungen zu ihren Mitarbeiterinnen und Mitarbeitern. Im Gegensatz zum distanzierten, aufgabenorientierten Führungsstil des Managements passt zum Ideenminister das Leadership. Er führt die Vielfalt von Menschen, ihre Ressourcen und Eigenheiten zusammen. Allerdings darf nicht zu viel Planung und Zeitmanagement von ihm erwartet werden, beides gehört nicht zu seinen Stärken.

Tipp: Üben Sie sich im Projekt- und Zeitmanagement, um Ihre Umsetzungsstärke zu trainieren. Auch wenn es nicht Ihrem Naturell entspricht, sind solche lästigen Einzelschritte für andere im Team und für das Erreichen der Ziele bedeutsam.

Ideenminister halten sich auch als Vorgesetzte Entscheidungen gern bis zum allerletzten Moment offen, um bloß keine Option zu verpassen. Sie laufen zu Hochform auf, wenn sie flexibel auf Unerwartetes reagieren müssen und Notlösungen gefragt sind. Ihren Mitarbeiterinnen und Mitarbeitern schenken sie viel Zeit – die ihnen dann an anderer Stelle oder bei ihren eigenen Projekten oft fehlt.

Tipp: Üben Sie sich darin, Ziele zu setzen, etwa indem Sie Projektmanagement lernen. Wählen Sie sorgfältig eine Handlungsstrategie, auf die Sie sich einlassen können, und bleiben Sie so lange am Ball, bis Sie ans Ziel gekommen sind und die Aufgabe abgeschlossen ist. Binden Sie andere aus dem Team mit ein und erhöhen Sie so die Transfersicherung und die Umsetzungsdichte. Das sorgt für eine solide Basis.

So klappt es mit den Ideenministern!

- Meine Ideen und Visionen sind mir sehr wichtig. Nehmt bitte an ihnen teil, kritisiert sie nicht vorschnell, auch wenn sie euch unrealistisch vorkommen.
- Es ist eine meiner Stärken, Farbe und Lebendigkeit in unser Team zu bringen. Bitte wertschätzt das.
- Details und Kleinigkeiten liegen mir nicht. Nehmt mir nicht übel, wenn ich mich nur im Notfall darum kümmere. Ich schätze es sehr, wenn andere diese Arbeiten übernehmen.
- Ich bin gern in Gesellschaft und kommuniziere gern mit euch. Deshalb kläre ich manche Anliegen lieber im Gespräch als schriftlich.
- Ich fühle mich nicht wohl, wenn ich in allzu feste Pläne und Strukturen gezwungen werde. Das widerspricht meinem Autonomiebedürfnis.
- Bitte kritisiert nicht ständig meine Unordnung und mein Durcheinander. Ich brauche ein bisschen »kreatives Chaos«.
- Sagt Bescheid, wenn es eng wird oder umgeplant werden muss. Ich habe manchmal für alles eine Lösung und werde in jedem Fall daran arbeiten.
- Ich bin für euch da, wenn ihr mich braucht, und gebe dann alles.
- Seht mir bitte nach, wenn ich mich mal ein bisschen verspäte oder etwas vergesse. Das liegt wohl in meiner Natur.

- Manchmal kann ich sehr impulsiv sein. Nehmt das bitte nicht persönlich. Hinterher tut es mir leid, und ich werde mich entschuldigen.

EAFO: die Beziehungsminister im Job

Menschenkenntnis, als die Hauptsache bei dem Umgang mit Menschen, wird am sichersten auf dem Wege der Selbsterkenntnis gefunden.

Adolph Knigge

E = extravertiert
A = abstrakt
F = FühlEntscheider
O = organisiert

EAFO
Beziehungsminister

Im Kontakt mit Menschen laufen Beziehungsminister zur Hochform auf. Sie haben Spaß an gemeinsamen Unternehmungen und arbeiten am liebsten und am erfolgreichsten im Team. Ihren Fokus richten sie in erster Linie auf Beziehungen und investieren in sie viel Zeit, Energie und Geduld. Auch ihre Gesprächsthemen drehen sich – oft stundenlang – um menschliche Beziehungen. Dank ihrer großen Empathie können sie sich mühelos in ihr Gegenüber einfühlen und verfügen über eine hervorragende Menschenkenntnis. Für Probleme in Beziehungen und Kooperationen haben sie meist gute Ratschläge und Lösungen parat.

Beziehungsminister sind sympathisch, warmherzig und freundlich. Sie sind anderen sehr zugewandt und nehmen vor allem deren Stärken und weniger deren Schwächen wahr. So entwickeln sie ein sehr gutes Gespür für das Potenzial ihrer Mitmenschen und sind gern bereit, dieses zu fördern. Das entspricht auch ihren tiefen zwischenmenschlichen Werten wie Gerechtigkeit und Nächstenliebe, die sie leben wollen.

Weil EAFOs so sehr auf andere bezogen sind, liegt ihnen viel an deren Meinung, und sie möchten einen guten Eindruck machen. Sie bemühen sich permanent um Selbsterkenntnis, sind reflektiert und stets um ihre persönliche Weiterentwicklung bemüht. Weil sie so harmoniebedürftig sind, halten sie Disharmonie und Konflikte nur schwer aus und setzen alles daran, wieder Harmonie herzustellen und die Situation ins Lot zu bringen.

Zwar haben Beziehungsminister überhaupt kein Problem, mit ganz unterschiedlichen Situationen fertigzuwerden, regen sich aber über das Chaos auf, wenn etwas nicht gut organisiert ist oder wenn andere unpünktlich und unverbindlich sind. Denn sie selbst würden nicht ohne Plan und klare Zielvorstellung an eine Sache herangehen, weil sie sehr strukturiert sind und über eine gute Zeiteinteilung verfügen.

Beziehungsminister im Team

E = sorgen für Kommunikation im Team und nach außen
A = prüfen und finden mögliche Lösungswege
F = vermitteln Akzeptanz der Lösungen im Team und im Unternehmen
O = planen und terminieren

Das liegt Beziehungsministern

Mit Organisationstalent gesegnet, arbeiten Beziehungsminister produktiv und zuverlässig. Alles wird gut geplant, Zeitvorgaben und Termine werden stets pünktlich eingehalten. Als Extravertierte bevorzugen sie die Zusammenarbeit mit anderen, sie sind also echte Teamplayer. Da sie eine sehr genaue Vorstellung davon haben, was richtig und was falsch ist, reagieren sie empfindlich und mit großem Unverständnis, wenn andere ihre Auffassungen nicht teilen. Es gelingt ihnen allerdings nicht selten, andere von ihrer eigenen Meinung und ihren Ideen zu überzeugen. Mit Kritik können sie jedoch schlecht umgehen, und sie sind leicht zu verletzen.

Als geborene Kommunikatoren verfügen Beziehungsminister über eine auffällige Wortgewandtheit, die sich in einer lebendigen, bildhaften Sprache zeigt. Damit können sie andere überzeugen und begeistern, nicht selten auch als charismatische Rednerinnen. Zumeist sind sie amüsante Unterhalter und oft mitreißende Geschichtenerzählerinnen, nicht zuletzt, weil es ihnen leichtfällt, ihr Inneres zu offenbaren. Dadurch werden ihre Erzählungen sehr lebendig.

Selbstreflexion und persönliche Weiterentwicklung ist Beziehungsministern sehr wichtig, deshalb lernen sie auch aus ihren Fehlern. Diese Fähigkeiten geben sie gern, etwa als Berater, an andere weiter – und haben wenig Verständnis, wenn diese das nicht zu schätzen wissen. Denn sie stellen sich gern in den Dienst anderer und arbeiten mit ihren kommunikativen Fähigkeiten am liebsten im Team. Mit Detail- und Routinearbeiten befassen sie sich nicht gern, auf der Sachebene fühlen sie sich eher unwohl. Dagegen sind sie auf der Beziehungsebene voll in ihrem Element. Sie mögen es harmonisch und konfliktfrei, vertreten aber auch gern klare Standpunkte, wenn es um zwischenmenschliche Themen geht.

Das liegt Beziehungsministern weniger

Wenn es darum geht, etwas objektiv einzuschätzen und Sachentscheidungen zu treffen, tun sich Beziehungsminister meist schwer. In finanziellen Angelegenheiten sollten sie sich deshalb zu einem gründlichen Faktencheck zwingen oder einen konkreten DenkEntscheider zu Rate ziehen. Auch wenn es um Personalentscheidungen geht, fehlt Beziehungsministern vor lauter Begeisterung für eine Person oft der kritische Blick – was nicht selten zu Enttäuschungen führt. Da sie sich nur selten für Sachthemen interessieren, befassen sie sich nur unzureichend mit einem Sachverhalt und kommen dann kaum zu einer klaren, objektiven Beurteilung, sondern entscheiden oft vorschnell und aus dem Bauch heraus.

Tipp: Sehen Sie immer wieder ganz genau hin, am besten aus einer kritischen Distanz in der Beobachterperspektive. Nehmen Sie sich für manche Entscheidungen mehr Zeit, um nicht übereilt aus dem Bauch heraus zu entscheiden. Widerstehen Sie auch dem Impuls, alles selbst in die Hand zu nehmen.
Analysieren Sie eine Situation oder eine Person nur nach objektiven Gesichtspunkten. Was können Sie sehen, was mit Daten und Fakten belegen? Machen Sie das am besten schriftlich. Sie werden staunen, wie sich Ihre Wahrnehmung verändert und wie sich Ihre Wirksamkeit nach außen erhöht.

Ihr Bedürfnis, anderen zu gefallen, macht Beziehungsminister besonders verwundbar für Kritik.

Tipp: Arbeiten Sie daran, sich unabhängiger von äußeren Urteilen zu machen, denn Sie werden es nie allen Menschen recht machen können.

Beziehungsminister können sehr energisch und ungeduldig, einige auch recht impulsiv sein. Das lässt sie nach außen dominanter wirken, als sie sind. Wie für alle extravertierten FühlEntscheidern (EF) gilt auch für die Beziehungsminister: Ihr starkes Gefühlsleben, das ihnen normalerweise Lebendigkeit und Charisma verleiht, kann für sie selbst und für andere auch zur Last werden.

Tipp: Üben Sie sich in Geduld. Identifizieren Sie sich nicht völlig mit Ihren starken Gefühlen. Zwingen Sie sich bewusst, innerlich einen kleinen Abstand zu Ihren Gefühlen einzunehmen und diese bereits zu dämpfen, wenn sie im Anmarsch sind – starke Gefühlsausbrüche lassen sich nämlich kaum regulieren. Gefühle kann man tatsächlich kontrollieren, wenn man sich rechtzeitig bewusst dafür entscheidet, sich nicht weiter in sie hineinzusteigern.

Wenn's eng wird: Beziehungsminister im Stress

Bei Stress hat der Beziehungsminister manchmal das Gefühl, man unterschätzt ihn und vertraut ihm nicht. Dann fühlt er sich unfähig, Lösungen zu entwickeln, obwohl das eigentlich sein Talent ist. Er tendiert dazu, immer selbstkritischer zu werden, fühlt sich missverstanden und isoliert sich immer mehr.

Wenn es eng wird, reagiert er alles andere als cool und fängt an, kompliziert und ausschweifend zu analysieren. Er brütet über Themen und verrennt sich manchmal auf der Suche nach Wahrheit und Gerechtigkeit. Es geht für ihn emotional auf und ab, von euphorisch bis hysterisch ist alles drin. Seine starken Gefühle blockieren dann das rationale Denken, und es kann zu unvernünftigen Entscheidungen und Handlungen kommen. Der Beziehungsminister wird unter Stress oft rigide, manchmal auch aggressiv.

Anti-Stress-Tipps

- Suchen Sie vertraute Menschen auf, mit denen Sie über Ihre Frustrationen offen reden können.
- Sprechen Sie über Ihre Gefühle, Irritationen und Verletzungen.
- Nehmen Sie Ihre ureigenen Grundwerte wieder in den Blick. Fragen Sie sich: Was trägt mich im Leben und in der Arbeit?
- Schreiben Sie Ihre Themen auf: Objektivität und eine gewisse Distanz zu den Dingen können hilfreich sein, um zu verstehen und zu akzeptieren. Gewinnen Sie Abstand!

Wie Beziehungsminister in Führung gehen

Beziehungsminister gehen gern in Führung und bleiben normalerweise geduldig und gewissenhaft am Ball, bis eine Arbeit abgeschlossen ist. Ihre Führungsqualitäten reichen von tatkräftig über visionär, einfühlsam, durchsetzungsfähig und gut organisiert. Sie sind vom Typus her Leader mit Managementeigenschaften und hervorragende, sprachgewandte Führungspersönlichkeiten, die über planerische Fähigkeiten und Umsetzungswillen genauso verfügen wie über eine menschliche Zugewandtheit für ihre Kolleginnen und Mitarbeiter. Ihre Zugewandtheit sorgt manchmal für eine gewisse Unvernunft.

Tipp: Lernen Sie, Entscheidungen nicht nur aufgrund Ihrer persönlichen Werte zu treffen, sondern üben Sie sich in Sachlichkeit und Vernunft, indem Sie Ihre Aufmerksamkeit auf die einzelnen Details einer Aufgabe lenken. Dieser Fokus verbessert Ihre Entscheidungen enorm.

Beim Führen betonen die Beziehungsminister gern ethische Grundsätze. Sie begeistern Menschen, können gut motivieren und finden für jeden einen Platz in der Gruppe, der seinen Fähigkeiten entspricht. Sie legen sehr viel Wert auf ein gutes soziales Klima und sorgen daher professionell für harmonische Arbeitsbeziehungen, was Grundbedingungen und Voraussetzungen für eine wirkungsvolle Teamarbeit und für Hochleistungen sind.

Tipp: Achten Sie in Konfliktsituationen darauf, dass die Probleme nicht unter den Teppich gekehrt werden. Ihr Harmoniebedürfnis steht dem manchmal entgegen. Eine offene und transparente Konfliktbearbeitung kann produktiv sein und sich hinterher positiv auf das Arbeitsklima auswirken.

Verlässlichkeit und Pflichtbewusstsein gegenüber Menschen sind wesentliche Charaktereigenschaften der Beziehungsminister. Ihre Mitarbeiter oder Kolleginnen wissen immer, woran sie sind.
EAFOs formulieren ihre Vorstellungen und Erwartungen klar und gewähren ihren Mitarbeiterinnen und Mitarbeitern Freiräume zur Gestaltung des eigenen Arbeitsbereichs in einem abgesteckten Rah-

men. Auch als Vorgesetzte bringen EAFOs Energie, persönliche Zuwendung, Begeisterung und Kooperationsstärke in ihr Team.

So klappt es mit den Beziehungsministern!

- Sprecht im Team bitte nicht nur über Sachthemen, sondern auch über das, was uns miteinander verbindet und was die Grundlagen unserer Arbeit ausmacht.
- Mich kennzeichnen starke Gefühle, die ich auch in unser Team einbringe. Nehmt sie bitte ernst und tut sie nicht als übertrieben ab.
- Für meine Loyalität und mein Engagement für das Team wünsche ich mir Wertschätzung.
- Ich brauche soziale Kontakte und Gespräche, um gut denken und Ideen entwickeln zu können. Nehmt daran teil, auch wenn nicht alles realisiert wird.
- Ich kann eure Kritik besser annehmen, wenn ihr auch das Positive erwähnt.
- Haltet euch bitte an Absprachen und Verabredungen und erwarte nicht von mir, dass ich ständig flexibel bin.
- Respektiert bitte mein Bedürfnis nach Ordnung und einer schönen Umgebung.
- Wenn ich sehr emotional werde, fangt bitte nicht an, mit mir zu streiten, denn dann eskaliert alles. Bleibt bitte möglichst ruhig und vertraut darauf, dass ich bald wieder »runterkomme«.

IAFO: die Erkenntnisminister im Job

Nach innen geht der geheimnisvolle Weg.
Novalis

I = introvertiert
A = abstrakt
F = FühlEntscheider
O = organisiert

IAFO
Erkenntnisminister

Erkenntnisminister sind die sprichwörtlichen stillen Wasser, die tief sind. Man muss schon explizit nachfragen, um etwas über ihre Gedanken und Erkenntnisse zu erfahren – aber es lohnt sich. Weil sie so vielschichtig und unergründlich sind, überraschen sie ihr Umfeld immer wieder mit neuen Seiten und tiefen Einsichten. So können sie oft mit neuen und ungewöhnlichen Lösungsansätzen aufwarten – wenn sie danach gefragt werden. Denn mit ihrer zurückhaltenden Art preschen sie nur selten mit ihrer Meinung vor und stellen auch ihre Person nicht gern in den Vordergrund. Viel lieber hören sie anderen zu, was sie dank ihres großen Einfühlungsvermögens ausgezeichnet können. Sie verfügen außerdem über eine sehr gute Menschenkenntnis und viel Gespür für andere. Oft erfassen sie sogar schneller als die betreffende Person selbst, was in dieser vorgeht.

IAFOs streben nach persönlicher Weiterentwicklung, innerem Wachstum und tiefen Einsichten. Sie wollen alles ergründen und sinnieren gern über die großen Fragen des Lebens. Werden sie darum gebeten, versuchen sie, ihre Gedanken und Ideen klar zu vermitteln, um auch andere davon zu überzeugen. Denn sie haben ihre Erkenntnisse zu diesem Zeitpunkt längst mit ihren Wertvorstellungen und Idealen abgeglichen. Und für diese können sie sich leidenschaftlich einsetzen. So verlieren sie ihre höheren Ziele und Visionen nie aus den Augen und arbeiten auch kontinuierlich an deren

Verwirklichung. Das gelingt ihnen auch meist gut, zumal sie das nötige Durchhaltevermögen besitzen. Wenn ein wichtiges Vorhaben zu scheitern droht, können sie andere damit überraschen, dass sie sich plötzlich mit (sturem!) Eifer für ihre Interessen einsetzen – obwohl sie doch sonst so ruhig und harmoniebedürftig sind.

Erkenntnisminister im Team

I = erfassen die Komplexität der Aufgabe
A = prüfen und finden mögliche Lösungswege
F = vermitteln Akzeptanz der Lösungen im Team und im Unternehmen
O = planen und terminieren

Das liegt Erkenntnisministern

Vielseitig interessiert und neugierig wie sie sind, wollen Erkenntnisminister den Dingen immer auf den Grund gehen. Ihre Intuition verstärkt ihr feines Gespür für andere Menschen und ihre soziale Kompetenz. Diese werden sie auch beruflich einzusetzen wissen, trotz ihrer Vorliebe für theoretische und abstrakte Themen. Deshalb arbeiten Erkenntnisminister auch häufig in wissenschaftlichen Berufen, gern in Bereichen mit geistigen, philosophischen oder psychologischen Inhalten. Auch der direkte Umgang mit Menschen, etwa als Lehrerin, liegt ihnen. Wichtig ist Erkenntnisministern vor allem, dass sie in ihrer Arbeit einen Sinn erkennen können und sie mit ihren Anschauungen und Werten übereinstimmt.

Erkenntnisminister sind beruflich meist sehr engagiert und erfolgreich. Sie arbeiten gern an neuen Konzepten und Problemlösungen. Detail- und Routinearbeiten mögen sie weniger, besitzen aber genügend Selbstdisziplin, um sie trotzdem zu erledigen. Ihr Arbeitsplatz sollte ruhig sein, denn sie ziehen sich gern zum Nachdenken zurück. Sie sind innerlich wie äußerlich gut strukturiert und organisiert, allerdings legen sie keinen großen Wert auf eine pingelige äußere Ordnung.

Das liegt Erkenntnisministern weniger

Nicht selten sind sie so vertieft in ihre Arbeit, dass sie um sich herum alles vergessen, auch notwendige Routinetätigkeiten – für sie gibt es einfach Wichtigeres. Dieser Mangel an konkreter Wahrnehmung (K) kann zu Enttäuschungen und Frustrationen führen, die sich auf das ganze Team auswirken, weil der Erkenntnisminister etwa die Datensicherung oder das anstehende Jahresgespräch vergessen hat. Auch reine Sachentscheidungen wie Budget-Planungen oder die Anschaffung einer wichtigen Maschine können davon betroffen sein.

Tipp: Versuchen Sie, Ihre Zielvorstellungen und Visionen frühzeitig mit der harten Realität abzugleichen. Binden Sie bei wichtigen Angelegenheiten konkrete DenkEntscheider mit ein. Das entlastet Sie ungemein und fördert die Teamarbeit.

Manchmal verdrängen Erkenntnisminister auch kritische Fakten und unangenehme Details, vor allem, wenn diese nicht so recht zu ihren Vorstellungen und Idealen passen. Sie schätzen Situationen und Menschen dann zu positiv und optimistisch ein. Diese Idealisierung resultiert nicht zuletzt aus ihrer Konfliktscheu. Wie alle konfliktscheuen Menschen meiden sie nicht nur Auseinandersetzungen, sondern verdrängen bereits im Vorfeld einen potenziellen Konflikt aus ihrem Bewusstsein.

Tipp: Blenden Sie problematische Seiten in der Zusammenarbeit mit wichtigen Mitarbeiterinnen und Mitarbeitern nicht aus. Betrachten Sie die konflikthafte Situation mit Abstand, um sie rational zu analysieren. Haben Sie den Mut für ein offenes Wort, um Ihrem Gegenüber die Chance zu geben, etwas zu ändern. Verhalten Sie sich nach dem Motto: »Hart in der Sache und weich zu den Menschen.«

Erkenntnisminister ziehen sich oft zurück, wenn sich Probleme auftun. Betrifft es nahestehende oder enge Kolleginnen, neigen sie zur Schwarzmalerei und können sich in Angstszenarien verlieren. Das liegt vor allem daran, dass sie sich mit einigen Menschen sehr verbunden fühlen, aber auch selten das Gespräch suchen, um von sich und ihren Nöten zu erzählen.

Tipp: Entlasten Sie sich, indem Sie offensiv das Gespräch mit Vertrauten suchen. Üben Sie sich darin, etwas objektiver und realistischer zu sein. Gehen Sie öfter in die Beobachterperspektive, so werden Sie viel über sich selbst erfahren. Und dann beziehen Sie diese erkannten relevanten Daten und Fakten (über sich selbst) mit in das Gespräch und die Arbeit ein.

Wenn's eng wird: Erkenntnisminister im Stress

Bei leichtem Stress sorgen sich Erkenntnisminister, ob sie die Erwartungen des Umfeldes noch erfüllen. Sie werden immer selbstkritischer und letztlich frustriert. Wird der Stress stärker, verlieren Erkenntnisminister leicht den Blick fürs große Ganze und werden kurzsichtig. Ihre ordnende Denkfähigkeit lässt nach, sie büßen ihre Souveränität ein und wissen nicht mehr, wie sie alle zu erledigenden Aufgaben heute noch schaffen sollen.

Anti-Stress-Tipps

- Suchen Sie ein offenes Gespräch mit einem Kollegen oder einer Kollegin, die nur aktiv zuhört und keine Ratschläge erteilt.
- Entspannen Sie sich. Gehen Sie kurz an die frische Luft, machen Sie einen langen Spaziergang in der freien Natur. Den-

ken Sie daran: Große Visionen verwirklicht man in kleinen Schritten.

- Sorgen Sie nach der Arbeit für Tapetenwechsel. Gehen Sie ins Kino oder lesen Sie ein gutes Buch. Sinnliche Erfahrungen und Eindrücke können sehr wertvoll sein und Sie wieder mit der Welt und mit sich selbst in Berührung bringen.
- Nehmen Sie Ihren Kalender zur Hand und planen Sie nach Möglichkeit eine kürzere oder längere Auszeit. Allein der Gedanke daran kann bereits für eine wirksame Entspannung sorgen. Probieren Sie es aus.

Wie Erkenntnisminister in Führung gehen

Der Führungsstil von Erkenntnisministern entspricht dem Leadership. Sie haben immer die Menschen um sich herum im Blick und möchten mit diesen ihre Ideen und Visionen verwirklichen. Dabei erkennen sie die Fähigkeiten und Talente ihrer Mitarbeiterinnen und Mitarbeiter und wissen – oft intuitiv –, wo jede und jeder am besten wirken kann. So stellen sie erfolgreiche und leistungsstarke Teams zusammen, die sie mit ihrer eher stillen Begeisterung und ihrem eigenen Engagement anstecken, ohne Autorität zeigen zu müssen, was ihnen sehr entgegenkommt. So arbeiten die von ihnen geführten Teams meist harmonisch miteinander und zeichnen sich durch eine hohe Mitarbeiterzufriedenheit aus.

Tipp: Achten Sie darauf, Ihren Mitarbeiterinnen und Mitarbeitern regelmäßig ein konstruktives Feedback zu geben. Holen Sie sich bei Bedarf ebenfalls immer wieder eine Rückmeldung von Menschen im Unternehmen. Beteiligen Sie Ihr Team, wenn es darum geht, praktische Kommunikationsformen zu entwickeln.

Auch als Vorgesetzte haben Erkenntnisminister Schwierigkeiten mit Konflikten in ihrem Umfeld. Sie tun viel für ein harmonisches Miteinander und gehen einer offenen Auseinandersetzung gern aus dem Weg. Manchmal gelingt es ihnen dann nicht, eine Klärung herbeizuführen, und der Konflikt schwelt lange weiter und belastet das Team. Dabei hat ein Erkenntnisminister das nötige Fingerspitzengefühl, damit er niemandem auf die Füße tritt, wenn er den Konflikt anspricht. Leider macht er nur zu wenig Gebrauch davon, oder er versteckt seine Kritik so gut, dass sie bei einigen nicht ankommt. Das ist ihm aber immer noch lieber, als Klartext oder ein Machtwort zu sprechen.

Tipp: Entwickeln Sie Ihre sprachliche Ausdrucksweise und Ihre mutige Selbstbehauptung weiter. Ihre Ideen werden damit wirkungsvoller von anderen wahrgenommen und gehört. Lernen Sie, Ihre inneren Einsichten so in Worte zu fassen, dass andere sie leicht aufnehmen und verstehen können.

So klappt es mit den Erkenntnisministern!

- Manchmal behalte ich etwas für mich, um es zuerst mit mir selbst auszumachen. Lasst mir Zeit, meine Gedanken zu Ende zu denken. Auch meine Ideen müssen erst in mir wachsen und mich selbst überzeugen, bevor ich andere daran teilhaben lassen kann.
- Wenn ihr wollt, erzähle ich euch von meinen Ideen und Visionen. Hört mir dann bitte aufmerksam zu und zeigt mir, dass es euch interessiert, zum Beispiel indem ihr nachfragt! Das motiviert mich, mehr darüber zu sprechen. Ich würde das dann auch gern in aller Ausführlichkeit mit euch diskutieren.
- Es fällt mir manchmal schwer, Kritik anzunehmen. Seid bitte nicht zu hart und erwähnt auch das Positive, dann kann ich es besser annehmen. Wertschätzt dabei auch meine Treue und tiefe Loyalität.
- Bitte seid zuverlässig und pünktlich! Wenn ihr einen Termin mit mir nicht einhalten könnt oder sich eure Pläne ändern,

sagt mir bitte rechtzeitig Bescheid, damit ich mich darauf einstellen kann.
- Respektiert mein Bedürfnis nach Harmonie! Auch wenn euch etwas stört oder ihr euch über mich geärgert habt, sagt es mir, aber bitte auf eine nette Art.

IKFO: die Harmonieminister im Job

Wenn Wissen und Gelassenheit sich gegenseitig ergänzen, entstehen Harmonie und Ordnung.

Dschuang Dsi

I = introvertiert
K = konkret
F = FühlEntscheider
O = organisiert

IKFO
Harmonieminister

Wie ihr Titel schon sagt, sind IKFOs besonders harmoniebedürftig. In ihrer bescheidenen und zurückhaltenden Art stehen sie nicht gern im Mittelpunkt, sondern passen sich anderen lieber an. Ihren Mitmenschen gegenüber sind sie stets freundlich und hilfsbereit. Entsprechend stellen sie ihre Arbeitskraft gern in den Dienst von Menschen, um die sie sich zugewandt und fürsorglich kümmern.

Sie verlassen sich gern auf ihre reichhaltigen praktischen Erfahrungen und Informationen, die sie abgespeichert haben. Deshalb sind sie vorsichtig, manchmal sogar ängstlich, wenn sie Neuem und Unbekanntem begegnen, und halten sich lieber an das, was sich bewährt hat und was ihnen vertraut ist. Um ihrem Sicherheitsbedürfnis nachzukommen und möglichst wenig dem Zufall zu überlassen, planen Harmonieminister gern lange im Voraus und berücksichtigen dabei alle Details. Nach einer erneuten Überprüfung kümmern sie sich dann auch um die Ausführung und wachen darüber, dass alles gut und reibungslos verläuft. Durch ihre Anlagen bringen IKFOs Klarheit und Ordnung in unübersichtliche Situationen. Dabei gehen sie sehr behutsam und einfühlsam vor. Gerade in kritischen Phasen sind sie die Hüter der Tradition, ein Fels in der Brandung und eine zuverlässige Säule in jedem Team und Unternehmen.

Harmonieminister muss man nicht groß auffordern, etwas zu tun. Sie sehen, was ansteht und getan werden muss, und packen einfach an. Dabei sind sie geschickt und geduldig, vor allem aber rücksichtsvoll und zuvorkommend. Sie merken sich genau, welche Vorlieben und Bedürfnisse die Menschen in ihrer Umgebung haben und versuchen, diese zu erfüllen.

Harmonieminister im Team

I = erfassen die Komplexität der Aufgabe
K = sichten die Fakten
F = vermitteln Akzeptanz der Lösungen im Team und im Unternehmen
O = planen und terminieren

Das liegt Harmonieministern

Beruflich wie privat sind Harmonieminister sehr gewissenhaft und zuverlässig. Sie schätzen es, wenn sie nicht ständig mit Neuem konfrontiert werden, sondern routiniert ihre Arbeit verrichten können. Mit schier endloser Geduld kümmern sie sich auch um Details, die sie möglichst sorgfältig und perfekt ausführen wollen. Deshalb sind sie die idealen Sparringspartner für alle, denen Detail- und Routinearbeiten nicht liegen, also die Abstrakten (A). Weil sie das Risiko scheuen und einen sicheren Job anstreben, machen sich Harmonieminister nur selten selbstständig. Lieber arbeiten sie in einer Festanstellung als Chefsekretäre, Vorstandsassistentinnen, Krankenpfleger, Medizinerinnen, Buchhalter, Technikerinnen oder Lehrer.

Sie sind ihrem Arbeitgeber gegenüber loyal und begegnen ihren Vorgesetzten mit Respekt. Normalerweise fügen sie sich ohne Probleme in hierarchische Strukturen, denn sie sind überzeugt, dass Regeln und Ordnungssysteme unerlässlich sind. Entsprechend bevorzugen sie auch inhaltlich Tätigkeiten, die klar strukturiert sind und zu greifbaren Ergebnissen führen.

In Gesprächen lassen sie anderen gern den Vortritt, wobei sie sehr aufmerksame Zuhörer sind. IKFOs können gut allein arbeiten, aber auch in einem harmonischen Team, solange dies auf Lösungen und Ergebnisse hinarbeitet und sich nicht in endlosen Diskussionen ergeht. Das würde auch ihrem Pflichtbewusstsein widersprechen, für das sie vor allem von ihren Vorgesetzten geschätzt werden.

Das liegt Harmonieministern weniger

Die konservative Neigung der Harmonieminister kann sie zu sehr am Bewährten festhalten lassen und neue Überlegungen und Erfahrungen verhindern. Im Extremfall können sie dazu neigen, rigide und starrsinnig zu werden, wenn Veränderungen und Neuerungen anstehen. Passiert etwas Unvorhergesehenes, fehlt ihnen oft die nötige Flexibilität und Spontaneität. Stattdessen halten sie häufig zwanghaft an ihrer gewohnten Arbeitsroutine fest und verweigern ihre Mitarbeit bisweilen auch völlig. Sie brauchen in jedem Fall viel Zeit, um sich auf neue Situationen und Veränderungen einzustellen, was in der heutigen Arbeitswelt nicht immer möglich ist.

Tipp: Üben Sie sich darin, für andere Herangehensweisen offenzubleiben. Die Zukunft hat viele Namen. Ziehen Sie bei bestimmten Angelegenheiten und Situationen die Abstrakten aus Ihrem Umfeld mit hinzu. Diese prüfen ihrer Art gemäß die Chancen der Zukunft und können Ihnen womöglich Lust auf das Neue machen.

Zu ihrer Angst vor Neuem gesellt sich bei Harmonieministern nicht selten auch noch eine Versagensangst, die sie zu Schwarzmalerei verleitet. Da sie die von ihnen angestrebte Perfektion (selbstverständlich) nicht erreichen, sehen sie sich in ihrem Pessimismus bestätigt, der sie (unbewusst) vor Enttäuschungen bewahren soll. Zuversicht und Vorfreude sind ihnen dagegen meist fremd.

Tipp: Machen Sie mal eine Bestandsaufnahme, wie oft Ihre Angststimme Sie schon falsch beraten hat. Am besten notieren Sie sich schriftlich, was Sie alles schon erreicht haben, obwohl Ihre Angststimme Ihnen zuvor Versagen und Blamage eingeflüstert hat. Wahrscheinlich werden Sie dann einsehen, dass Ihre Angststimme schon sehr viele Fehlprognosen abgegeben hat und als Beraterin in einer Firma schon längst gefeuert wäre. Arbeiten Sie daran, kalkulierbare Risiken einzugehen und die Zukunft etwas positiver zu sehen.

Viele Harmonieminister sind extrem pflicht- und verantwortungsbewusst. Die Arbeit kommt für sie immer an erster Stelle und belastet sie oft schwer. Sie können diese Last kaum abschütteln, obwohl es eigentlich ihre Pflicht sein sollte, mehr Spaß und Freude am Leben zu haben. Aufgrund dieser Neigung besteht bei Harmonieministern die Gefahr, dass sie ein Burnout erleiden.

Tipp: Tragen Sie Ihre angenehmen Termine ebenso in den Kalender ein wie Ihre Verpflichtungen. Das kann entlastend wirken. Notieren Sie Ihre freien Zeiten und schönen Tätigkeiten in einen Tages- und Wochenplan und halten Sie diese Termine ebenso sorgfältig und pflichtbewusst ein wie die beruflichen.

Wenn's eng wird: Harmonieminister im Stress

Bei leichtem Stress werden Harmonieminister eher noch fürsorglicher und freundlicher. Sie konzentrieren sich auf jedes Bedürfnis von jedem Einzelnen in ihrem näheren Umfeld. Das kostet Zeit, und wichtige Entscheidungen verzögern sich dadurch.

In richtig stressigen Zeiten verliert der Harmonieminister leicht die Kontrolle und den Blick für das große Ganze. Dann rücken die Untergangsszenarien in den Vordergrund.

Anti-Stress-Tipps

- Ziehen Sie sich zurück und besinnen Sie sich auf Ihre inneren Werte.
- Sorgen Sie für körperlichen Ausgleich, vielleicht mit Sport.
- Verändern Sie etwas, machen Sie irgendetwas anders, wenn auch nur vorübergehend. Sie werden erkennen, dass diese äußere Veränderung sich auch auf Ihr Inneres auswirkt.
- Bitten Sie jemanden im Team um Unterstützung. Fragen Sie, ob er oder sie vorübergehend den notwendigen Kleinkram erledigen kann.

Wie Harmonieminister in Führung gehen

Harmonieminister unterschätzen sich eher, deshalb streben sie von sich aus nur selten Führungspositionen an. Werden sie dennoch zu Chefs oder Teamleiterinnen, stehen für sie die Bedürfnisse ihrer Mitarbeiterinnen und Mitarbeiter an erster Stelle. Sie achten dann auf eine harmonische und kooperative Zusammenarbeit und geraten schnell unter Druck, wenn es trotzdem einmal zu Missstimmungen kommt und sie durchgreifen müssen. Denn es ist ihnen äußerst unangenehm, Anweisungen gegen den Willen ihrer Untergebenen durchzusetzen und sich deren Ärger zuzuziehen.

Tipp: Üben Sie sich darin, eine bestimmtere und entschiedenere Haltung einzunehmen. Wägen Sie die Möglichkeiten sorgfältig ab, am besten mit Hilfe eines DenkEntscheiders, und kommunizieren Sie Ihre Führungsentscheidung direkt. Wenn die Entscheidung transparent und nachvollziehbar ist, werden Ihnen Ihre Mitarbeiterinnen und Mitarbeiter folgen.

Aufgrund ihres Perfektionsstrebens können Harmonieminister schlecht Verantwortung delegieren und laufen deshalb Gefahr – verstärkt durch ihre Konfliktscheu –, vieles selbst in die Hand zu nehmen und bis an den Rand des Zusammenbruchs zu arbeiten. Hier sind die Kenntnisse und Werkzeuge des Managements wirkungsvoll und sinnvoll.

Harmonieminister sorgen in Besprechungen und Teamsituationen dafür, dass die Gespräche ihren Praxisbezug nicht verlieren und persönliche wie soziale Wertvorstellungen berücksichtigt werden. Ihre Beiträge sind konkret und an den Fakten ausgerichtet. Sie überzeugen und lassen sich überzeugen, wenn das Thema emotional und mit einer persönlichen Note vorgetragen wird. Durch ihre Zurückhaltung und ihren leisen Führungsstil werden die Harmonieminister oft unterschätzt, nehmen aber hinter den Kulissen durchaus Einfluss auf das Geschehen.

Tipp: Scheuen Sie sich nicht, auch als Führungskraft Ihre Erfolge und Fähigkeiten bekannt zu machen. Stellen Sie auch die Leistungen Ihres Teams heraus. Das erhöht die Motivation und stärkt das Selbstbewusstsein aller im Team, auch Ihr eigenes!

So klappt es mit den Harmonieministern!

- Wenn ich mich zurückziehe, tanke ich Energie. Ich brauche auch Zeit, um ungestört nachzudenken. Danach bin ich umso präsenter im Team.
- Manchmal brauche ich etwas länger, um mich mitzuteilen. Es fällt mir am leichtesten, wenn ihr mir geduldig und interessiert zuhört. Fragt gern nach, aber versucht nicht, mich auszufragen, dann mache ich schnell dicht.
- Kritisiert mich bitte nicht zu barsch! Sagt auch immer etwas Positives, dann kann ich eure Kritik viel besser annehmen.
- Bitte haltet, was ihr versprochen habt, damit ich mich auf euch verlassen kann. Sagt mir bitte rechtzeitig Bescheid, wenn sich eure Pläne ändern, denn ich brauche Zeit, um mich auf Veränderungen einzustellen.

- Würdigt bitte, wie treu und loyal ich zum Unternehmen stehe und was ich auf der Beziehungsebene für das Team leiste! Auch wenn vieles für mich selbstverständlich ist und ich mich wirklich gern engagiere, tut es mir trotzdem gut, wenn ihr das anerkennend ansprecht.
- Ich bin euch dankbar, wenn ihr ein bisschen Vergnügen und Abwechslung in mein Leben bringt. Das fällt mir selbst oft schwer.

EKFO: die Sozialminister im Job

Unter guten, seelenvollen Menschen
trägt sich die Last des Lebens leicht.
Novalis

E = extravertiert
K = konkret
F = FühlEntscheider
O = organisiert

EKFO
Sozialminister

Sozialminister fallen im Kollegenkreis durch ihre herzliche und zugewandte Art auf. Man kann sie eigentlich immer um Hilfe bitten oder ihnen seine Sorgen und Nöte anvertrauen – sie sagen nur ganz selten Nein und helfen, wo sie können. Denn zwischenmenschliche Beziehungen sind für Sozialminister das Wichtigste im Leben. Sie lieben es, in Gesellschaft zu sein und sich mit anderen zu unterhalten, am liebsten über Zwischenmenschliches. Das macht sie im Unternehmen, vor allem wenn es darum geht, die Team- und Unternehmenskultur weiterzuentwickeln, unentbehrlich. Als äußerst loyale und zuverlässige Mitarbeiterinnen und Mitarbeiter können sie Projekt- und Unternehmensentscheidungen auch gut im Team und nach außen kommunizieren. Dabei haben sie mit ihrer feinfühligen Art immer auch die Folgen dieser Entscheidungen für ihre Mitmenschen im Auge.

Weil sie so sehr auf Menschen bezogen sind, tun Sozialminister viel für ein harmonisches Miteinander und eine gute Atmosphäre. Sie möchten möglichst niemanden verärgern, verletzen oder gar verlieren, was auch nicht so leicht passiert, denn sie sind auch wegen ihrer verständnisvollen Art und ihrer sozialen Kompetenzen bei Kolleginnen, Mitarbeitern und Vorgesetzten gleichermaßen beliebt. Jeder kann sich darauf verlassen, dass EKFOs zu dem stehen, was sie versprochen haben. Zudem packen sie tatkräftig an und helfen auch mit konkreten Ratschlägen. Sie sind pragmatisch und handlungsorientiert, deshalb erledigen sie einfach das, was ansteht, bevor sie lange reden und über verschiedene Optionen nachdenken – zumal sie auch nicht die Geduldigsten sind. Wenn sie anderen dabei noch etwas Gutes tun können – umso besser! Dagegen tun sie sich schwer, Hilfe anzunehmen, weil sie sich dann in der Schuld fühlen.

Sozialminister sind wie die Harmonieminister die gute Seele einer jeden Organisation, wobei die Sozialminister durch ihre extravertierte Art gern an vorderster Front mitmischen, wogegen sich die Harmonieminister lieber im Hintergrund halten. Beiden ist gemein, dass sie kein Problem damit haben, sich in soziale Strukturen einzufügen. Sie erkennen Autoritäten an und fühlen sich in Systemen wohl, in denen klare Anforderungen an sie gestellt werden. Sie wollen wissen, was von ihnen erwartet wird, und das Gefühl haben, gebraucht zu werden.

Sozialminister im Team

E = sorgen für Kommunikation im Team und nach außen
K = sichten die Fakten
F = vermitteln Akzeptanz der Lösungen im Team und im Unternehmen
O = planen und terminieren

Das liegt Sozialministern

Ihrem Profil entsprechend arbeiten Sozialminister am liebsten in Berufen, in denen sie viel Kontakt mit Menschen haben. Ob im sozialen oder pflegerischen Bereich, als Lehrerin oder Dienstleister – sie kümmern sich gern um andere und sehen darin ihre Berufung. Bei entsprechenden Erfolgserlebnissen und mit der verdienten Anerkennung kennt ihr Engagement kaum Grenzen, selbst wenn es ihrer Gesundheit schadet. Sie sind für jedes Team und Unternehmen ein Trumpf im Bereich von Projektmanagement und Teamwork, auch weil sie gut planen und ein Arbeitsteam gut koordinieren können.

Da sie sehr organisiert und strukturiert sind, können sich Kolleginnen wie Vorgesetzte darauf verlassen, dass Sozialminister ihre Arbeit sorgfältig, gewissenhaft und zuverlässig erledigen. Dabei möchten sie nicht gestört werden und am liebsten eins nach dem anderen abarbeiten können, ohne allzu viel Druck. Sie scheuen auch Detail- und Routinearbeiten nicht, solange diese ihnen noch ein bisschen Spielraum lassen. Allerdings können sie sich auch im Detail verlieren, weil sie zum Perfektionismus neigen, und dadurch den Blick fürs Wesentliche verlieren.

Sozialminister sind echte Teamworker, die ihre besten Ideen haben, wenn sie sich mit Kolleginnen und Kollegen austauschen. Dabei legen sie viel Wert auf ein harmonisches Arbeitsklima und einen vertrauensvollen Austausch untereinander. Sie gelten als besonders verständnisvoll und anteilnehmend. So wundert es nicht, dass Sozialminister meist die Nachrichtenzentrale und gute Seele sind, der sich viele gern anvertrauen.

Das liegt Sozialministern weniger

Sozialminister sind sensibel und leicht zu kränken. Sie nehmen Kritik, auch wenn sie sich auf ihre Arbeit bezieht, schnell persönlich und interpretieren sie als Zurückweisung. Sie können sich nur schwer abgrenzen und ihre eigenen Interessen durchsetzen. Vielmehr neigen sie dazu, ihre Bedürfnisse so lange hintanzustellen, bis sie sie kaum mehr wahrnehmen. Viel wichtiger sind ihnen nämlich die Bedürfnisse anderer, denen sie kaum einen Wunsch abschlagen können. Dabei gehen sie auch über ihre körperlichen und emotionalen Grenzen hinweg und opfern sich regelrecht auf. Das führt aber dazu, dass sie selbst zu kurz kommen und sich früher oder später erschöpft und ausgebrannt fühlen. Sie erwarten insgeheim, dass sich das Blatt einmal wenden wird und der andere sich auch so um sie kümmern wird. Meist erfüllen sich ihre Erwartungen aber nicht, und Enttäuschungen sind vorprogrammiert.

Tipp: Halten Sie immer wieder inne und befragen Sie sich, was Sie im Moment fühlen und welche Bedürfnisse Sie gerade haben. Sprechen Sie diese aus, denn Ihr Gegenüber kann keine Gedanken lesen. Es ist fairer, den anderen wissen zu lassen, was Sie möchten und erwarten. Das erspart Enttäuschungen und Unstimmigkeiten auf beiden Seiten.

Sozialminister schlucken Kränkungen und Ärger lieber herunter, als eine Auseinandersetzung zu führen. Deshalb sprechen sie Konflikte auch lange nicht von sich aus an – bis es zu spät ist und ein heftiger Streit mit gegenseitigen Verletzungen entbrennt. Durch ihre Konfliktscheu machen EKFOs in näheren Beziehungen nur selten die Erfahrung, wie wichtig und konstruktiv eine Auseinandersetzung im Team gerade für eine wirklich gute Lösung sein kann. Je »geschäftsmäßiger« die Beziehungen sind, desto eher können sie klar Stellung beziehen und ihre Interessen beziehungsweise die der Firma vertreten.

In ihrem Bemühen, sich um die Bedürfnisse ihrer Mitmenschen zu kümmern, schießen die Sozialminister manchmal über das Ziel hinaus und erdrücken die anderen mit ihrer gut gemeinten Fürsorge. In ihrer resoluten und zupackenden Art bevormunden sie andere dann, weil sie zu wissen glauben, was diese brauchen.

Tipp: Achten Sie genau darauf, was wirklich gebraucht wird. Nicht in jedem Fall ist Unterstützung nötig. Lernen und üben Sie, Nein zu sagen und gut für sich selbst zu sorgen. Machen Sie sich klar, dass Sie nicht für das Glück oder Unglück Ihrer Mitmenschen verantwortlich sind, sondern diese auch eine Selbstverantwortung haben.

Die Achillesferse der Sozialminister ist ihre mangelnde DenkEntscheider-Fähigkeit. Es macht sie verwundbar, dass sie sich in alles voll und ganz hineinhängen und sich dabei so stark von ihren Gefühlen leiten lassen. Mehr Vernunft und Distanz zu den Dingen täte ihnen gut.

Tipp: Trainieren Sie Ihre rationale Beurteilung. Nehmen Sie dazu die Beobachter- oder Vogelperspektive ein, um einen nüchternen Blick von außen zu bekommen. Suchen Sie gezielt nach rationalen Argumenten, bevor Sie eine Situation beurteilen oder eine Entscheidung treffen. Beratschlagen Sie sich auch mit DenkEntscheidern in Ihrem Umfeld.

Wenn's eng wird: Sozialminister im Stress

Die Sozialminister sind unter Stress leicht verletzbar und extrem selbstkritisch. Sie beschweren sich, dass andere zu viel von ihnen erwarten.

Wo sonst Optimismus und Begeisterung herrschen, neigt der Sozialminister unter starkem Stress zu Trägheit und Ablehnung. Sein Perfektionismus gewinnt die Oberhand und plagt ihn. Er verliert seinen Handlungsspielraum zu Gunsten von Überanalyse und Übergenauigkeit.

Anti-Stress-Tipps

- Treiben Sie Sport, gehen Sie raus und bewegen Sie sich.
- Sprechen Sie mit guten Freunden über das, was Sie innerlich bewegt. Sie brauchen jetzt viel Vertrauen und stabile Beziehungen. Tanken Sie in vertrauten Beziehungen auf.
- Tun Sie etwas, das Ihnen Freude macht und Ihre volle Aufmerksamkeit verlangt. Gehen Sie schematisch und Schritt für Schritt vor. Das ordnet Sie auch innerlich.

- Vertrauen Sie der Lernerfahrung: Manchmal kommt es eben vor, dass das Harmoniebedürfnis gestört wird. Das ist normal und nichts Ungewöhnliches.

Wie Sozialminister in Führung gehen

Gelangen Sozialminister in Führungspositionen, sorgen sie in erster Linie für ein gutes Betriebsklima. Ihr Führungsstil ist also eher beziehungs- als aufgabenorientiert. Wo sie wirksam in Führung gehen, entsteht eine gewinnende Kooperation mit enormer Mitarbeiterbindung. Kritisch wird es, wenn trotzdem einmal Missstimmung im Team aufkommt und vom Sozialminister ein »Machtwort« gefordert ist. EKFOs scheuen sich, Anweisungen gegen den Willen ihrer Mitarbeiterinnen und Mitarbeiter durchzusetzen und deren Ärger auf sich zu ziehen. Auch wenn es ihnen schwerfällt, haben die meisten Sozialminister es dennoch (mühsam) gelernt, sich zu behaupten. Auch tappen Sozialminister immer wieder in die Falle, sich selbst zu viel Arbeit aufzuhalsen, weil sie ein schlechtes Gewissen haben, wenn sie unliebsame Aufgaben an ihre Mitarbeiterinnen und Mitarbeiter delegieren.

Tipp: Üben Sie sich im Neinsagen, um Überlastung und inneres Ausbrennen zu vermeiden. Es lohnt sich, mehr auf die eigenen Bedürfnisse und Wünsche zu achten. Bringen Sie erlernbare Management-Tools zum Einsatz. Delegieren Sie Aufgaben und verzichten Sie nicht gänzlich auf Kontrolle, denn beides bringt Motivation und Entlastung zugleich.

Nach Möglichkeit greifen Sozialminister auch als Vorgesetzte auf bewährte Erfahrungen zurück, von denen sie wissen, dass sie funktionieren. So gehen sie zielstrebig und organisiert vor, mit dem inneren Drang, die Arbeit zum Abschluss zu bringen. Die Mitarbeiterinnen und Mitarbeiter können sich, ebenso wie das Unternehmen, hundertprozentig auf den Sozialminister verlassen: Was er anpackt, bringt er auch zu Ende! Erst nach getaner Arbeit widmet er sich ruhigen Gewissens einer Freizeitbeschäftigung.

Tipp: Treten Sie ab und zu einen Schritt zurück und schauen Sie objektiver auf die Situationen. Manche Probleme der Gegenwart und Zukunft können nicht mit den Werkzeugen und Lösungen der Vergangenheit bewältigt werden. Sprechen Sie mit den Abstrakten über neue Lösungen und Ideen und verlieren Sie sich nicht in Kleinigkeiten.

So klappt es mit den Sozialministern!

- Die Beziehungsebene ist mir sehr wichtig. Mich interessiert, wie es euch geht und wie ihr euch fühlt. Sprecht bitte nicht nur über Sachthemen mit mir!
- Respektiert bitte mein Bedürfnis nach Ordnung und Überschaubarkeit und bringt mir nicht alles durcheinander!
- Bitte hört mir aufmerksam und einfühlsam zu, wenn ich euch etwas erzähle.
- Da ich sehr emotional bin, stehen für mich Gefühle im Mittelpunkt, nicht nur die Vernunft.
- Wenn ihr Kritik übt, sagt und zeigt mir bitte, dass ihr nicht meine Person meint, sondern etwas, das ich getan habe.
- Schafft Kontaktmöglichkeiten im Team. Ich bin ein sehr geselliger Mensch und brauche die Vielfalt und den Austausch mit anderen. Dabei blühe ich auf.
- Seid bitte pünktlich und zuverlässig! Oder sagt mir zumindest rechtzeitig Bescheid, wenn sich an der Planung etwas geändert hat. Ich brauche Zeit, um mich auf Neues einzustellen, und es ärgert mich, wenn ich meine Pläne ständig über den Haufen werfen muss.

IKDO: die Präzisionsminister im Job

Der Gebildete treibt die Genauigkeit nicht weiter,
als es der Natur der Sache entspricht.
Aristoteles

I = introvertiert
K = konkret
D = DenkEntscheider
O = organisiert

IKDO
Präzisionsminister

In ihrer nüchternen Art inspizieren Präzisionsminister die Dinge und Menschen in ihrer Umgebung. Weil sie das so ernsthaft und gründlich machen, entgeht ihnen kaum ein Fehler – zumal ihre Wahrnehmung stärker darauf fokussiert ist als auf die positiven Seiten. Pflichterfüllung und Verantwortung stehen für sie an oberster Stelle. Sie tun alles dafür, ihre Termine und Zusagen einzuhalten und ihre Arbeit zuverlässig und tadellos zu erledigen. Dasselbe erwarten sie auch von anderen.

Unter den 16 Persönlichkeitstypen haben die Präzisionsminister den größten Sinn fürs Praktische. Da sie sehr traditionsbewusst sind, betrachten sie alles Neue und Moderne mit Skepsis und oft sogar Argwohn. Ihre Ansichten sind konservativ, ihr Kleidungsstil funktional und preisbewusst. Sie mögen es dezent und zurückhaltend, nicht auffällig und laut. Es entspricht auch ihrer soliden und gewissenhaften Art, dass sie sich viele Gedanken machen, bevor sie etwas anfangen, und auch während der Umsetzungsphase alles kritisch im Blick behalten. Sie wollen nichts geschenkt haben, sondern sich ihren Lohn redlich verdienen. Da sie über ein Höchstmaß an Disziplin und Durchhaltevermögen verfügen, bringen sie auch zu Ende, was sie angefangen haben – selbst wenn es längst überholt oder eigentlich unvernünftig ist oder sie darunter leiden.

Im Umgang fallen Präzisionsminister vor allem durch ihre zurückhaltende und höfliche Art auf, die sie oft auch recht reserviert und kühl erscheinen lässt. Das liegt auch an ihrer kritischen Distanz, die sie zu allem einnehmen. Doch IKDOs können bisweilen auch mit Charme und trockenem Humor bestechen. Allerdings halten sie sich lieber im Hintergrund, hören eher zu, als viel zu reden – es sei denn, ein Sachthema interessiert sie, und ihr Faktenwissen ist gefragt. Dann haben sie etwas beizusteuern, was Hand und Fuß hat.

Kontrolle und Sicherheit sind für Präzisionsminister sehr wichtig. Dafür planen sie ihren Lebensweg genauso wie ein Projekt möglichst konkret, scheuen das Risiko und wollen genau wissen, was von ihnen erwartet wird. Sie tun sich schwer, Menschen einen Vertrauensvorschuss zu geben und auf den Lauf der Dinge zu vertrauen. Lieber haben sie alles kritisch im Blick und üben möglichst viel Kontrolle aus.

Präzisionsminister im Team

I = erfassen die Komplexität der Aufgabe
K = sichten die Fakten
D = analysieren kritisch
O = planen und terminieren

Das liegt Präzisionsministern

Da sie pragmatisch und bodenständig sind, suchen Präzisionsminister nicht nach neuen oder besonders originellen Wegen und Problemlösungen, sondern nach bewährten, die mit ihren eigenen Erfahrungen zusammenpassen und auf greifbaren Kriterien beruhen. Sie sehen, was erledigt werden muss, und packen an. Dabei arbeiten sie mit eiserner Disziplin, sehr strukturiert und gründlich und sind bereit, viel Zeit und Mühe zu investieren, Das sieht man auch an ihrem Arbeitsplatz, wo alles seinen Platz hat, überschaubar, sauber und geordnet ist.

Da wundert es nicht, dass es ihnen liegt, sich mit logischen und logistischen Systemen zu beschäftigen und diese auf Fehler und Schwachstellen hin zu untersuchen. Dabei analysieren sie geduldig und präzise, immer an der Realität und an den Fakten orientiert. Spekulatives und abstrakte Theorien sind ihnen hingegen suspekt.

Ihre berufliche Laufbahn verläuft meist zielstrebig und geradlinig, wobei sie keine Freiberuflichkeit anstreben, sondern eine sichere Stelle bevorzugen. Da nehmen sie auch weniger Spaß in Kauf, Hauptsache, sie haben Gewissheit und Planbarkeit und können produktiv und sinnvoll arbeiten. Alles andere wäre für sie ohnehin unrealistisch. Als Geschäftspartnerinnen und -partner halten sie sich pflichtbewusst an Verträge und Zusagen. Von ihren Kolleginnen und Mitarbeitern werden sie wegen ihrer Präzision und Zuverlässigkeit geschätzt, manchmal auch etwas gefürchtet.

In Hierarchien gliedern sich Präzisionsminister normalerweise problemlos ein und erkennen Autoritäten an; das hat schließlich Tradition und schafft Struktur und Sicherheit. Sie können ihre fachlichen Fähigkeiten realistisch einschätzen, wobei sie am liebsten allein und in Ruhe arbeiten. Praktische Berufe liegen ihnen auch deshalb, weil sie sichtbare und messbare Ergebnisse produzieren. Ansonsten findet man sie häufig in Verwaltungs-, Büro- und Laborjobs, die ein organisatorisches Talent und einen guten Blick für Details erfordern. Viele Präzisionsminister erfassen mühelos ein komplexes Zahlenmaterial und sind mathematisch begabt. Deshalb eignen sie sich ausgezeichnet für alle Berufe, in denen sie mit Zahlen umgehen müssen, sei es als Wirtschaftsprüferin, Banker, Anlageberaterin oder Buchhalter.

Das liegt Präzisionsministern weniger

Weil ihr Blick so sehr auf das Bewährte und Traditionelle gerichtet ist, nehmen sie viele Alternativen gar nicht wahr. Allem, was (ihnen) unbekannt ist, stehen sie meist argwöhnisch gegenüber. Geht es darum, sich auf etwas Neues einzulassen oder neue Wege auszuprobieren, sind Präzisionsminister sehr zögerlich. Ihr Pflichtbewusstsein und ihre Sorgfalt verleiten sie dazu, sich in Details festzubeißen. Dann können sie den Blick fürs Wesentliche verlieren und ineffektiv arbeiten.

Tipp: Bringen Sie mehr Mut auf, um sich auf Neues einzulassen. Vertrauen Sie auf Ihren praktischen Verstand und darauf, dass Sie die Dinge wieder in den Griff bekommen, wenn etwas schiefgehen sollte.

Präzisionsminister neigen dazu, sich (und andere) ständig unter Leistungsdruck zu setzen. Sie richten ihr Augenmerk beinahe ausschließlich auf das Unvollkommene, auf das, was nicht funktioniert. Dabei entwerten sie, was sie alles schon geschafft und geleistet haben. In der Folge sind sie häufig unzufrieden, obwohl sie, objektiv betrachtet, sehr zufrieden mit sich sein könnten und insgesamt wesentlich mehr Grund zur Lebensfreude hätten, als sie sich zugestehen.

Tipp: Schreiben Sie Ihre Erfolge auf und führen Sie sich diese Liste immer wieder vor Augen. Lernen Sie, sich an den eigenen Ergebnissen und Erfolgen zu erfreuen. Achten Sie stärker darauf, dass Sie öfter gut gelaunt sind, und machen Sie es sich zur Pflicht, das Leben zu genießen.

Dem Präzisionsminister sind Emotionen zunächst einmal suspekt und oft auch etwas peinlich. Insbesondere wenn sie ihr Gegenüber nicht gut kennen, fühlen sie sich im zwischenmenschlichen Umgang oft befangen. Sie ecken nicht selten ungewollt an, weil ihnen das nötige Taktgefühl fehlt. So kann ein Präzisionsminister das ganze Meeting hindurch fast gar nichts sagen und plötzlich mit einer barschen Kritik herausplatzen. Die Kolleginnen und Kollegen sind dann nicht nur überrascht, sondern regelrecht vor den Kopf gestoßen.

Tipp: Sie würden mit Ihrer Kritik sicher auf offenere Ohren stoßen, wenn Sie zuvor ein paar anerkennende Worte äußern würden. Ihre Kritik ist schließlich oft berechtigt, lediglich die Art, wie Sie diese vorbringen, ist mitunter etwas unglücklich.

Wenn's eng wird: Präzisionsminister im Stress

Bei leichtem Stress konzentriert sich der Präzisionsminister noch stärker auf einzelne Aufgaben und Details. Sein Widerstand gegen Veränderungen nimmt zu. Er wird leicht ungeduldig mit seinem Umfeld. In dieser zunehmend angespannten Situation verliert der Präzisionsminister seine Souveränität und seine Übersicht. Wo er vorher Schritt für Schritt vorgegangen ist, ergreift er jetzt mehrere Optionen gleichzeitig.

Anti-Stress-Tipps

- Treiben Sie Sport. Hier finden Sie wieder zum rechten Maß.
- Verändern Sie etwas in Ihrer Umgebung. So können Sie systematisch lernen, mit Veränderungen umzugehen.
- Schreiben Sie eine Liste mit Ihren Fähigkeiten, Talenten und Stärken. Denken Sie dabei auch an die vielen positiven Erfahrungen, die Sie in der Vergangenheit gemacht haben.
- Suchen Sie sich Sätze wie den folgenden und wiederholen Sie diese in stressigen Situationen öfter: »Manchmal passiert Unvorhergesehenes – das ist eine Tatsache.«

Wie Präzisionsminister in Führung gehen

Zwar streben Präzisionsminister nicht unbedingt Führungspositionen an, dennoch landen sie häufig in solchen, weil sie loyal und kompetent sind. Sie führen aufgabenorientiert, wie es im Management (im Gegensatz zum Leadership) zu finden ist. Zwischenmenschliches ist für sie zweitrangig und sollte bei der Arbeit keine große Rolle spielen. Sie führen ohne große Worte, indem sie mit gutem Beispiel vorangehen. Sie erwarten, dass ihre (hier passt das Wort) Untergebenen ebenso sorgfältig und verantwortungsbewusst wie sie selbst arbeiten.

Tipp: Öffnen Sie sich der kollegialen Vielfalt und Diversität im Unternehmen. Typengerecht führen heißt: Unterschiedliche Menschen haben unterschiedliche Herangehensweisen. Vielleicht sollten Sie manchmal etwas Neues ausprobieren, um nicht stehen zu bleiben und zu optimalen Lösungen zu kommen. Üben Sie sich in Geduld mit Menschen, die anders kommunizieren als Sie und die Routineverfahren eher meiden. Binden Sie die Lockeren (L) und die Abstrakten (A) mit in Ihre Führungsentscheidungen ein.

Präzisionsminister delegieren nicht gern, weil sie überzeugt sind, dass sie selbst die Arbeit am besten erledigen können. Außerdem bezweifeln sie, dass andere ihren strengen Maßstäben gerecht werden können. Da IKDOs auch mit sich selbst streng sind, zeigen sie selten Anerkennung und Lob für ihre Mitarbeiter.

Tipp: Entwickeln Sie Ihre Sozialkompetenz. Um Menschen und ganze Organisationen wirksam führen zu können, braucht es die menschlichen Faktoren aus dem Bereich des Leadership. Entwickeln Sie die Beziehungen zu den Mitarbeiterinnen und Mitarbeitern. Lernen Sie, Anerkennung für Leistungen zu zeigen. Üben Sie sich darin, den Kolleginnen und Kollegen zu vermitteln, dass sie gebraucht werden.

So klappt es mit den Präzisionsministern!

- Um ins Gleichgewicht zu kommen, brauche ich Ruhe und ziehe mich gerne zurück. Gebt mir Zeit für mich allein.
- Bevor ich etwas sage, brauche ich Zeit, um darüber nachzudenken, was ich sagen will. Bei schwierigen Themen oder Entscheidungen muss ich oft erst mal darüber schlafen.
- Wenn es emotional wird, tu ich mich eher schwer. Gebt mir Zeit, die richtigen Worte zu finden, und überfordert mich bitte nicht mit Gefühlsausbrüchen.
- Nehmt es nicht persönlich, wenn ich jemanden kritisiere! Ich möchte helfen und nicht verletzen, wenn ich auf Fehler aufmerksam mache.
- Sagt mir bitte, wenn ich euch verärgert oder gekränkt habe. Ich merke es nicht immer, aber es war bestimmt nicht meine Absicht.
- Ich brauche eine gewisse Ordnung und Routine, um mich wohl und sicher zu fühlen.
- Seid bitte pünktlich und zuverlässig! Wenn ihr etwas ändern wollt, sagt mir bitte rechtzeitig Bescheid und erklärt mir warum, damit ich es verstehe.
- Wertschätzt bitte, wie viel Stabilität und Sicherheit ich in die Teamarbeit mit einbringe und wie verantwortungsvoll, pflichtbewusst und hart ich dafür arbeite.
- Da mir finanzielle Sicherheit wichtig ist, mag ich es gar nicht, wenn ihr verschwenderisch seid.

EKDO: die Planungsminister im Job

Große Dinge werden nicht durch die Behändigkeit,
Schnelligkeit und Kraft des Körpers erreicht,
sondern durch Planung, Ansehen und Willenskraft.
Marcus Tullius Cicero

E = extravertiert
K = konkret
D = DenkEntscheider
O = organisiert

EKDO
Planungsminister

Als Menschen der Tat packen die Planungsminister da an, wo etwas getan werden muss. Sie wollen nicht lange diskutieren, sondern entschlossen ans Werk gehen. Dafür analysieren sie die Situation mit kritischer Distanz, entwerfen einen Plan und legen dann los. Sie arbeiten pflichtbewusst und diszipliniert, mit einem guten Blick für Details. Da sie großen Wert auf Zuverlässigkeit und Verbindlichkeit legen, lieben sie To-do-Listen. Diese arbeiten sie effektiv und gründlich ab. Alles, was erledigt ist, verschafft ihnen große Genugtuung und bringt sie dem Vergnügen nach getaner Arbeit näher.

Weil sie so gut organisiert sind, verbleibt ihnen auch genügend Freizeit. Sie können nach getaner Arbeit problemlos abschalten, weil ihnen keine unerledigten Dinge mehr im Kopf herumschwirren (sie stehen ja auf der Liste!). Arbeit und Freizeit sind für sie klar voneinander getrennt. Den Feierabend verbringen die unternehmungslustigen Planungsminister gern in geselliger Runde. Meist gut gelaunt, sorgen sie auf Festen und Zusammenkünften für fröhliche Stimmung. Es mangelt ihnen selten an Verabredungen und Einladungen, denn sie sind sehr unterhaltsam und alles andere als langweilig. Sie reden gern und nehmen kein Blatt vor den Mund, weshalb sie anderen auch mal auf die Füße treten. Andererseits weiß man bei Planungsministern auch, woran man ist, weil sie deutlich aussprechen, was sie meinen, und sie weder kompliziert noch zimperlich sind.

Planungsminister sind Schnellentscheider, die kein Problem damit haben, sich festzulegen. Nach einer kritischen Analyse wägen sie das Für und Wider gründlich ab und entscheiden sich dann nach vernünftigen und logischen Kriterien. Sie legen Wert auf Fairness und Gerechtigkeit. Aufgrund ihrer Bodenständigkeit sind ihnen abstrakte Theorien und Spekulationen genauso fremd wie Experimente und Fantasien. Sie haben kein Problem, Autoritäten zu vertrauen, und legen großen Wert auf Sicherheit. Auch deshalb planen viele EKDOs schon früh, was sie später einmal machen wollen, beruflich wie privat. Sie sind sparsam und sorgen auch finanziell gern vor. Nur für gesellige Vergnügungen und Reisen sitzt das Geld lockerer.

Planungsminister im Team

E = sorgen für Kommunikation im Team und nach außen
K = sichten die Fakten
D = analysieren kritisch
O = planen und terminieren

Das liegt Planungsministern

Die tatkräftigen Planungsminister krempeln die Ärmel hoch und legen mit der Arbeit los. Sie wollen nicht viel Zeit vergeuden, sondern legen Wert auf Effizienz. Sie machen sich einen Plan und arbeiten dann strukturiert und diszipliniert Punkt für Punkt ab. Am Ende des Tages wollen sie sehen, was sie geschafft haben – gern über viele abgehakte Punkte auf ihrer Erledigungsliste –, und dann den Feierabend unbeschwert genießen.

Da sie gern einen kritischen Abstand zu allem halten, erkennen sie Fehler und Mängel meist schnell und beheben diese möglichst umgehend. Am wohlsten fühlen sie sich mit konkreten, logistischen und praktischen Arbeiten, die zu messbaren und sichtbaren Ergebnissen führen. Gegen Routine haben sie nichts einzuwenden, schließlich fördert diese effektives Arbeiten.

Neben einem exzellenten Faktengedächtnis verfügen die Planungsminister auch über Organisationstalent und beschäftigen sich gern mit Details und Fakten, die sie sorgfältig recherchieren und verwalten. Diese Eigenschaften treffen auf ihre Vorliebe, (sich) zu entscheiden. Deshalb arbeiten viele EKDOs in juristischen Berufen, ebenso in der Verwaltung, bei Versicherungen, im Personalwesen oder im Managementbereich. Aber auch unter Handwerkern findet man viele Planungsminister, da sie hier die Früchte ihrer Arbeit am unmittelbarsten sehen können. Ihr Traditionsbewusstsein verträgt sich gut mit alteingesessenen Institutionen. Ihrem Arbeitgeber und Betrieb sind sie sehr loyal verbunden.

Da Planungsminister gesellig sind und sich gern austauschen, arbeiten sie auch gern im Team. Allerdings haben sie klare Vorstellungen und werden es den zögerlichen und lockeren Kolleginnen und Kollegen nicht leicht machen. Denn für sie steht nicht ein harmonisches Arbeitsklima an erster Stelle, sondern effektives Arbeiten. Sie sind die Meister im Planen und Organisieren und als solche auch auf möglichst alle Eventualitäten vorbereitet.

Das liegt Planungsministern weniger

Läuft etwas nicht nach (ihrem) Plan – auch nicht nach Plan B und C, den sie stets in der Schublade haben –, dann ist mit den Planungsministern nicht zu spaßen. Es mangelt ihnen nämlich an Flexibilität. Sie wollen wissen, was auf sie zukommt. Um (Planungs-)Sicherheit zu haben, treffen sie manchmal auch überhastete Entscheidungen, bei denen sie nicht lange abwägen und erst alle Informationen abwarten. Sie können es nicht ausstehen, wenn es plötzliche und unvorhergesehene Veränderungen gibt. Nur wenn diese lange vorher angekündigt und sehr gut begründet werden, haben Planungsminister womöglich ein Einsehen. Sonst bleiben sie lieber beim Alten und halten auch stur daran fest. Denn sie vertrauen nur dem, was sich bewährt hat, und sind grundsätzlich skeptisch gegenüber Neuem. Doch mit dieser konservativen und manchmal auch bornierten Haltung entgehen ihnen auch sinnvolle Verbesserungen.

Tipp: Üben Sie sich in Gelassenheit. Dadurch bekommen Ihre sorgfältig durchdachten Pläne die nötige Flexibilität. Versuchen Sie, Dinge auf sich zukommen zu lassen. Beginnen Sie bei Kleinigkeiten und steigern Sie dann die »Dosis«. Das kann Sie nicht nur vor voreiligen Entscheidungen bewahren, sondern Sie auch für Neues öffnen. Suchen Sie auch den Austausch mit den Abstrakten (A), die in der Regel ein gutes Vorstellungsvermögen für zukünftige Entwicklungen haben.

Planungsminister können sehr vehement ihre Meinung vertreten und andere bevormunden, weil sie davon überzeugt sind, dass sie wissen, was das Beste ist. Dann halten sie rigide an ihrer Überzeugung fest und wollen keine anderen Überlegungen als die eigenen in Betracht ziehen. Hierdurch kommt es im Team nicht selten zu angespannten Situationen.

Tipp: Immer wenn Sie sich dabei ertappen, dass Sie verbissen an etwas festhalten, treten Sie einen Schritt zurück und fragen Sie sich: Muss das jetzt unbedingt so gemacht werden? Ist die Angelegenheit wirklich so wichtig? Sie sollten sich darin üben, Ihren Blick immer wieder auf Weitwinkel zu stellen, damit Sie sich nicht in Details verbeißen, die den ganzen Ärger gar nicht lohnen.

Planungsminister sind extrem pflichtbewusst und können bis zur Erschöpfung arbeiten – ohne es selbst zu merken. Ihre Gereiztheit und Ungeduld zeugen davon – und lassen sie schon bei kleinen Anlässen explodieren.

Tipp: Tragen Sie auch die angenehmen Anlässe und Termine in den Kalender ein. Reservieren Sie darin auch Zeiten zum Nachdenken und Reflektieren. So bekommen diese mehr Gewicht und Präsenz.

Wenn's eng wird: Planungsminister im Stress

Bei leichtem Stress versuchen die Planungsminister noch, das innere Chaos zu verbergen und die Kontrolle ja nicht zu verlieren. Sie werden distanziert und unnahbar und klammern sich mehr als vorher an Fakten und Prinzipien. Der Druck nach außen wird erhöht. Dabei können Planungsminister auch laut werden.

Bei zunehmendem Druck fällt es dem EKDO schwerer, Entscheidungen zu treffen und effektiv zu handeln. Das, was vorher seine Souveränität ausgemacht hat, nämlich schnelle Entscheidungen zu treffen, kippt ins Gegenteil. Er verliert an Selbstvertrauen, zieht sich, entgegen seiner Extravertiertheit, zurück und fühlt sich isoliert.

Anti-Stress-Tipps

- Runter vom Gas: Nehmen Sie Abstand und gönnen Sie sich freie Zeit mit Freundinnen und Freunden!
- Gehen Sie noch einmal all Ihre Argumente und die wichtigsten Positionen durch. Verschaffen Sie sich einen Überblick.
- Schlafen Sie sich aus, essen Sie etwas Gutes, treiben Sie Sport. Morgen sieht die Welt wieder anders aus.
- Es kann Wunder wirken und enorm entspannen, wenn Sie Ihre tiefen Gefühle Menschen mitteilen, denen Sie vertrauen.

Wie Planungsminister in Führung gehen

Planungsminister sind prädestiniert für verantwortliche Positionen, da sie kompetent, zuverlässig und durchsetzungsstark sind. Für sie steht bei der Arbeit nicht das Zwischenmenschliche im Vordergrund, sondern die Sache. Sie führen also aufgabenorientiert (Management), nicht beziehungsorientiert (Leadership). Planungsminister sind zwar offen für Kritik und Verbesserungsvorschläge, haben aber keine Geduld für lange Debatten. Sie glauben ohnehin, genau zu wissen, wie etwas zu tun ist.

Tipp: Seien Sie offen für neue Wege und Methoden. Andere arbeiten anders und kommen auch ans Ziel. Hören Sie sich die Ideen, Alternativen und Informationen von anderen an und wertschätzen Sie die unterschiedlichen Vorgehensweisen.
Betrachten Sie bei Entscheidungen nicht nur die sachlichen Informationen. Jede Entscheidung hat Auswirkung auf Menschen. Diese Auswirkungen mitzudenken erhöht die Umsetzungsgarantie im Unternehmen, sie nicht mitzudenken erhöht die Widerstände gegen Entscheidungen und schwächt das Unternehmen.

Planungsminister arbeiten sehr diszipliniert und akribisch genau. Das erwarten sie auch von ihren Mitarbeiterinnen und Mitarbeitern. Ihr Führungsstil ist wenig partnerschaftlich, sondern eher autoritär. Deshalb haben sie auch keine Probleme, Anweisungen zu erteilen und Kritik zu üben, oft eher hart und mit wenig Feingefühl. Manche Mitarbeiterinnen und Mitarbeiter verletzt das, obwohl es nicht die Absicht des EKDO ist: Er möchte einfach nur, dass die Arbeit besser läuft. Die Folgen seiner sachlichen Kritik zu antizipieren fällt ihm schwer. Hier könnte er die Unterstützung eines Fühl-Entscheiders gut brauchen.

Tipp: Achten Sie auf Ihre Neigung, manchmal zu hart und direkt zu sein; versuchen Sie Rücksicht zu nehmen auf die Bedürfnisse, Wünsche und Gefühle anderer.
Überprüfen Sie Ihre Erwartungen hinsichtlich ihrer Realisierbarkeit durch die Betroffenen – das ist wichtig, wenn Sie Menschen motivieren wollen. Machen Sie sich zuerst Gedanken, bevor Sie Ihren Kolle-

gen und Mitarbeiterinnen wichtige Rückmeldungen geben. Und dann üben Sie sich in der Kunst, ein positives Feedback zu geben und Ihrer Kritik ein paar anerkennende Worte vorauszuschicken.

So klappt es mit den Planungsministern!

- Bitte respektiert, dass ich ein traditionsbewusster Mensch bin. Lasst uns vor allem jene Traditionen pflegen, die unser Miteinander betreffen und die sich bewährt haben.
- Auch wenn ich sehr traditionsbewusst bin, brauche ich neue Ideen und Impulse. Lasst euch von meiner kritischen Distanz nicht aufhalten.
- Wenn über Teamentwicklung und Beziehungsthemen gesprochen wird, brauche ich Unterstützung. Versucht es auf einer möglichst sachlichen Ebene, damit ich euch verstehen kann.
- Ordnung und Routine sind mir wichtig. Bitte respektiert das. Wenn ihr Chaos verursacht und Aufgaben nicht abschließt, nervt mich das. Lasst uns darüber reden.
- Bitte seid pünktlich und haltet euch an eure Versprechen.
- Es ärgert mich, wenn ich Pläne und Vorhaben über den Haufen werfen muss. Sagt mir so früh wie möglich Bescheid, wenn ihr das für nötig haltet.
- Wenn etwas gut funktioniert, möchte ich daran nichts ändern, denn ich muss nicht alles ausprobieren, nur weil es neu ist. Das stresst mich enorm.
- Fragt mich um Rat, wenn ihr etwas plant, und bezieht mich in Entscheidungen mit ein! Das ist meine große Stärke!
- Bitte wertschätzt die Verantwortung, die ich in der Arbeit übernehme. Ich bin loyal und sorge gern für Planungssicherheit und Stabilität.

IKFL: die Toleranzminister im Job

Die meiste Nachsicht übt der, der die wenigste braucht.

Marie von Ebner-Eschenbach

I = introvertiert
K = konkret
F = FühlEntscheider
L = locker

IKFL
Toleranzminister

Wie sein Titel schon verrät, zeichnet sich dieser Typus durch seine Toleranz aus: Anderen begegnet er offen und wertschätzend. Er besticht durch seine verständnisvolle und vorurteilsfreie Art, die er allerdings, bescheiden und zurückhaltend wie er ist, nicht lautstark verkündet. Die sympathischen Toleranzminister stehen zwar nicht gern im Mittelpunkt, sind aber in ihrer unaufdringlichen, freundlichen Art sehr präsent. Ihnen liegt ein harmonisches und respektvolles Miteinander am Herzen, deshalb sind sie auch nicht nachtragend, sondern ziemlich konfliktscheu. Selbst mit nahestehenden Menschen tun sie sich ausgesprochen schwer, ein Problem anzusprechen. Fühlen sie sich von jemandem verletzt, scheuen sie eine Klärung und ziehen sich lieber zurück. Nur wenn ihr inneres Wertesystem in Frage gestellt wird, verlieren die Toleranzminister ihre sonst so zurückhaltende Art. Dann können sie sich ungewohnt vehement dafür einsetzen, dass beispielsweise eine Ungerechtigkeit wiedergutgemacht wird.

Ihre inneren Werte und Überzeugungen sind Toleranzministern weit wichtiger als ihr Image. Deshalb legen sie auch nicht viel Wert auf ein repräsentatives Äußeres und konkurrieren auch selten mit ihren Kolleginnen und Kollegen, sondern tragen lieber dazu bei, dass diese sich wohlfühlen. Schließlich nehmen sie sehr genau wahr, was diese sich wünschen. So herrscht in ihrer Gegenwart meist ein entspanntes Miteinander, was wiederum dem Harmoniebedürfnis der Toleranzminister entgegenkommt.

Toleranzminister leben im Hier und Jetzt, am liebsten, wenn sie sich dabei sinnlichen Genüssen hingeben können. Dadurch verbreiten sie eine Leichtigkeit und Lebensfreude, die auf andere ansteckend wirkt. Sie vertrauen lieber in den Lauf der Dinge, als langfristig zu planen. So passiert es, dass sie vieles anfangen, aber nur wenig zu Ende bringen. Denn ihr Durchhaltevermögen ist eher schwach ausgeprägt.

Toleranzminister im Team

I = erfassen die Komplexität der Aufgabe
K = sichten die Fakten
F = vermitteln Akzeptanz der Lösungen im Team und im Unternehmen
L = sind offen für neue Faktoren und sichern Flexibilität

Das liegt Toleranzministern

Viele Toleranzminister sind kreativ und handwerklich wie künstlerisch begabt. Sie tun gern etwas mit ihren Händen, ob beim Basteln, Kochen oder Gärtnern. Eher praktische Arbeiten suchen sie auch im Beruf. Wegen ihrer Freundlichkeit und Empathie sind sie häufig in sozialen und helfenden Berufen zu finden – oder eben in kreativen. Da sie völlig in ihrem Tun aufgehen können, ohne dabei auf die Zeit oder ihre körperlichen Grenzen zu achten, können sie es in ihren Interessengebieten sehr weit bringen, obwohl sie nicht besonders ehrgeizig sind. Nur um der Karriere oder des Geldverdienens willen würden sie sich aber nicht verausgaben. Sie brauchen vielmehr einen Beruf, der ihnen sinnvoll erscheint und der mit ihren Werten übereinstimmt.

Sie handeln sehr pragmatisch und folgen dabei ihren spontanen Eingebungen und Impulsen. Dagegen tun sie sich schwer mit festen

Vorgaben und Strukturen sowie mit langfristigen Planungen und Konzeptarbeit. Am liebsten arbeiten sie allein, auch als Selbstständige. Sie sind aber auch gute Teamplayer, weil sie über eine hohe soziale Kompetenz verfügen. Auf ihre praktische Art lösen sie Probleme unkompliziert, ohne lange nachzudenken, und finden oft auch ungewöhnliche Lösungen.

Als Mitarbeiterinnen und Mitarbeiter sind sie sehr loyal und engagiert, vor allem, wenn sie sich mit den Werten ihres Unternehmens identifizieren können. Ihre Kolleginnen und Kollegen schätzen vor allem die freundliche und offene Art der Toleranzminister, aber auch deren fehlendes Konkurrenzgebaren.

Das liegt Toleranzministern weniger

Es fällt Toleranzministern sehr schwer, sich abzugrenzen und einen kritisch-vernünftigen Blick auf eine Situation zu werfen. Ihre Anteilnahme und Empathie ist so stark, dass sie sich mit den Problemen anderer identifizieren und sich für deren Lösung verantwortlich fühlen. Nicht selten wird ihre Hilfsbereitschaft dann ausgenutzt.

Tipp: Gehen Sie innerlich immer wieder einen kleinen Schritt zurück, um einen kritischen Blick auf Ihr Gegenüber oder eine Situation zu werfen. Entscheiden Sie dann nicht nur nach Gefühl, sondern überprüfen Sie auch die rationalen Argumente, die für oder gegen etwas sprechen. Binden Sie bei wichtigen Prozessen unbedingt auch die DenkEntscheider (D) im Team mit ein, da diese für eine rationale Analyse prädestiniert sind.

So großzügig und verständnisvoll sie mit anderen sind, so streng und kritisch sind Toleranzminister oft mit sich selbst. Aus Angst zu versagen bleiben sie lieber unter ihren Möglichkeiten und entwickeln wenig Ehrgeiz, um beruflich voranzukommen. Dabei bremst sie auch ihre mangelnde (Karriere-)Planung aus. Sie setzen sich keine langfristigen Ziele und schmieden keine Pläne für die Zukunft, die sie dann konsequent verfolgen würden. So bringen sie sich womöglich um die Chance, ihre berufliche Laufbahn selbst in die Hand zu nehmen und ihren Lebensweg mitzubestimmen.

Tipp: Überlegen Sie sich, welche beruflichen Ziele Sie sich stecken können, um Ihre Werte und Visionen noch stärker zu verfolgen. Suchen Sie das Gespräch mit Vertrauten, Vorgesetzten und Personalentwicklern, um zu erfahren, welches Potenzial diese in Ihnen sehen, und überlegen Sie gemeinsam, welche beruflichen Ziele Sie sich stecken können.

Ihre Planungsschwäche hat auch zur Folge, dass Toleranzminister wichtige Entscheidungen und unangenehme Aufgaben gern vor sich herschieben oder ganz verdrängen. Sie lassen sich gern ablenken und halten sich nicht unbedingt an Termine. So bleibt vieles unerledigt, was eigentlich getan werden müsste. Das ärgert nicht nur sie selbst, sondern auch die Kollegen und Mitarbeiterinnen – von Vorgesetzten ganz zu schweigen. Im Extremfall kann es dazu führen, dass sich die Toleranzminister dem Berg an Arbeit, der zu erledigen wäre, nicht mehr gewachsen fühlen und sich ganz zurückziehen.

Tipp: Üben Sie sich darin, Termine einzuhalten und einem Ablaufplan zu folgen. Vereinbarungstreue ist ein wichtiger Faktor im zwischenmenschlichen Verhalten. Tragen Sie die Termine in den Kalender ein und halten Sie sich daran. Aktivieren Sie elektronische Erinnerungsassistenten. Das wirkt sich nicht nur positiv auf Ihre Motivation aus, sondern auch auf Ihr Umfeld.

Wenn's eng wird: Toleranzminister im Stress

Bei leichtem Stress befürchtet der Toleranzminister, die Erwartungen der anderen nicht erfüllen zu können. Die Angst macht sich breit, wichtige Beziehungen zu verlieren, weshalb er übermäßig feinfühlig wird. Wird der Stress stärker oder dauert er länger an, wirkt der Toleranzminister kühl, kurz angebunden und unter Umständen wird er sogar laut. Aus dem Toleranzminister wird ein »Intoleranzminister«, der anderen und sich selbst gegenüber nicht mehr zugewandt ist.

Anti-Stress-Tipps

- Nehmen Sie sich Zeit für sich. Denken Sie darüber nach, was Ihnen wichtig ist.
- Wenden Sie sich einer Tätigkeit zu, bei der Sie sich gut auskennen und bei der Sie Ihre Fähigkeiten einsetzen können.
- Sprechen Sie mit einem Vertrauten, der Verständnis für Ihre Eindrücke und Gefühle hat.
- Lernen Sie, sich selbst besser zu verstehen. Erkunden Sie Ihre eigenen Bedürfnisse und denken Sie daran: Sie müssen nicht immer die Erwartungen anderer erfüllen.

Wie Toleranzminister in Führung gehen

Auch Toleranzminister können eine Führungsposition einnehmen, obwohl sie es kaum darauf anlegen. Durch ihre Lebens- und Arbeitsphilosophie steht ihnen ein gleichberechtigtes und wenig hierarchisches Miteinander sehr viel näher als das Bedürfnis, Macht und Kontrolle auszuüben. Ihr Führungsstil ist eindeutig nondirektiv und kooperativ. Sie sorgen wie selbstverständlich dafür, dass im Team alle gleichberechtigt sind, und unterstützen andere durch ihre Loyalität. Entsprechend ihrer sozialen Werte motivieren sie durch Lob und Ermutigung statt durch Kritik und Autorität. Durch ihre Offenheit und Toleranz lassen sie ihren Mitarbeiterinnen und Mitarbeitern sehr große individuelle Entfaltungsmöglichkeiten, so dass diese, sofern sie motiviert sind, ihr persönliches Potenzial maximal entfalten können.

Tipp: Entwickeln Sie Ihr strategisches Denken und verlieren Sie sich nicht in Kleinkram. Neben dem aktuellen Tagesgeschäft müssen Anforderungen in der Zukunft bedacht werden. Bitten Sie die Abstrakten in Ihrem Team um Unterstützung und denken Sie das Unternehmen auch von der Zukunft her.

An ihre Grenzen geraten IKFLs dann, wenn sie doch einmal gezwungen sind, eine klare Struktur und Arbeitsorganisation vorzugeben, oder wenn sie hart durchgreifen müssen. Ihr erster Impuls wird die Leugnung des Konflikts sein. Sie werden alles tun, um einen zeitnahen Kompromiss zu erreichen und eine Lösung zu finden, die es allen Beteiligten »irgendwie« ermöglicht, den Konflikt ohne Gesichtsverlust zu beenden. Sein Bedürfnis nach Harmonie drängt den Toleranzminister oft in die Rolle des Vermittlers zwischen Mitarbeiterinnen und Kollegen. Er betont immer wieder die Bedeutung eines guten Arbeitsklimas und hofft auf baldige Beilegung des Konflikts von Seiten der Konfliktparteien.

Tipp: Lernen Sie, anderen auf professionelle Art ein kritisches Feedback zu geben: wertschätzend, aber dennoch klar und wenn nötig auch hart. Sorgen Sie für Ordnung, wo sich diese nicht von allein ergibt. Das gehört zu einer wirksamen Führung. Eignen Sie sich das Werkzeug der Konfliktmoderation an. Das ist wichtig, denn Konflikte können wertvolle Hinweise für eine mögliche Verbesserung der Teamkultur geben.

So klappt es mit den Toleranzministern!

- Meine inneren Überzeugungen und sozialen Werte sind mir sehr wichtig. Deshalb wünsche ich mir, dass ihr sie mit mir teilt.
- Bei Streit fühle ich mich äußerst unwohl, und Konflikten gehe ich lieber aus dem Weg. Nehmt mir das Gefühl, dafür verant-

wortlich zu sein, und helft mir, diese auf konstruktive Weise auszutragen.

- Wenn ihr mich kritisieren wollt, sagt mir bitte auch, was ich gut mache. So fällt es mir leichter, die Kritik anzunehmen und etwas zu ändern.
- Engt mich bitte nicht mit zu vielen Regeln und Strukturen ein. Ich habe Spaß an der Abwechslung und erledige Aufgaben nur ungern immer wieder auf die gleiche Art.
- Erwartet bitte nicht, dass ich lange im Voraus plane! Auch wenn es nicht immer möglich ist, brauche ich viel Spielraum für Spontaneität.
- Ich brauche Zeit und Freiraum, um meine Arbeit in Ruhe und allein zu erledigen. Danach bin ich wieder ganz für mein Team da.
- Mein Arbeitsplatz ist manchmal ein bisschen chaotisch und unordentlich. Macht euch keine Sorgen, ich behalte den Überblick.
- Manchmal muss ich lange nachdenken, bevor ich meine Gedanken und Gefühle in Worte fassen kann. Habt Geduld mit mir!

EKFL: die Vergnügungsminister im Job

Wer so lebt, dass er mit Vergnügen auf sein vergangenes Leben zurückblicken kann, lebt zweimal.

Marcus Valerius Martial

E = extravertiert
K = konkret
F = FühlEntscheider
L = locker

EKFL
Vergnügungsminister

Die Vergnügungsminister zeichnet ihre offenherzige und spontane Art aus. Sie lassen sich gern begeistern und mitreißen. Wenn es darum geht, Spaß in geselliger Runde zu haben und das Leben zu genießen, sind sie dabei. Denn allein wird ihnen schnell langweilig. Über ihre Sinne sind sie immer mit der Außenwelt verbunden und brauchen viel Abwechslung. Äußere Zwänge und Einschränkungen sind ihnen ein Graus, weil sie sie daran hindern könnten, die Gegenwart voll auszukosten. Schließlich wollen sie sich im Hier und Jetzt sorglos vergnügen und neigen deshalb nicht selten dazu, die Folgen ihres Handelns auszublenden.

Bodenständig und pragmatisch wie sie sind, leben sie ganz in der Gegenwart. Die Zukunft interessiert sie weniger, zumal sie nicht gern planen und auch alles Organisatorische ihnen nicht liegt – außer in Krisensituationen. Dann ermöglicht es ihnen ihre Spontaneität, aus dem Stegreif zu handeln und ein Krisenmanagement zu organisieren. Ansonsten sind sie weniger diszipliniert und schieben unangenehme Arbeiten gern vor sich her, um sie auf den letzten Drücker zu erledigen. Doch sie sind an sich nicht faul. Wenn eine Aufgabe Spaß und Abwechslung verspricht, sind sie dabei. Schließlich wollen sie etwas erleben.

Diese Eigenschaften stehen einer Karriere normalerweise im Weg. Machen Vergnügungsminister dennoch Karriere, dann haben sie ihre Berufung gefunden und sind leidenschaftlich und mit Spaß bei der Sache. Sie vertreten die Auffassung, dass das Leben da ist, um gelebt zu werden – auch bei der Arbeit im Unternehmen. Durch ihre enorme Anpassungsfähigkeit sind sie tatsächlich Meister darin, aus jeder noch so verfahrenen Situation etwas Positives herauszuholen.

Werden Absprachen und Pläne kurzfristig geändert, ist ein Vergnügungsminister nicht schnell beleidigt. Sie wollen ohnehin nicht festgenagelt werden und sind flexibel und spontan genug, um neu zu planen. Außerdem erlaubt ihnen das beim nächsten Mal auch kurzfristig abzusagen oder etwas zu ändern.

Vergnügungsminister im Team

E = sorgen für Kommunikation im Team und nach außen
K = sichten die Fakten
F = vermitteln Akzeptanz der Lösungen im Team und im Unternehmen
L = sind offen für neue Faktoren und sichern Flexibilität

Das liegt Vergnügungsministern

Für Vergnügungsminister zählt der konkrete Nutzen einer Sache oder einer Idee. Da sie sehr praktisch veranlagt sind, wollen sie nicht lange darüber nachdenken, wie etwas funktioniert, sondern es ausprobieren. In ihrer pragmatischen, handlungsorientierten Art checken sie eine Situation kurz ab und packen dann an. »Learning by doing« ist ihr Motto. Erfordert ihre Arbeit schnelles Handeln und eine wache Aufmerksamkeit, laufen sie zur Hochform auf. Dann telefonieren sie auf zwei Leitungen gleichzeitig und regeln »nebenher« das Tagesgeschäft.

Das Wichtigste für Vergnügungsminister sind die Menschen um sie herum. Sie brauchen einerseits ein harmonisches Arbeitsumfeld mit netten Kolleginnen und Kollegen, andererseits wollen sie auch eine Arbeit, bei der sie mit Menschen zu tun haben. Deshalb sind sie häufig in Dienstleistungsberufen zu finden, wo sie sich um die konkreten Bedürfnisse der Kundinnen und Kunden kümmern. Hier können sie ihren Wunsch nach zwischenmenschlichen Kontakten und nach Abwechslung ausleben. Auch als Verkäuferinnen und Verkäufer sind sie mit ihrer sympathischen Art und Überzeugungskraft meist erfolgreich.

Gegenüber Kolleginnen und Kollegen sind Vergnügungsminister tolerant und großzügig. Durch ihre Flexibilität und Anpassungsfähigkeit sind EKFLs die klassischen Teamplayer und oft die »gute Seele« eines Teams. Sie können fast mit jedem – und fast jeder mit ihnen, weil sie sehr kollegial sind und in ihrer unbekümmerten Art stets für gute Laune und ein angenehmes Arbeitsklima sorgen. Auch Vorgesetzte schätzen die sympathischen Vergnügungsminister – solange sie sich und andere durch ihre Geselligkeit nicht von der Arbeit abhalten.

Das liegt Vergnügungsministern weniger

Vergnügungsminister brauchen eine Arbeit mit viel Praxisbezug, hohem Spaßfaktor und viel Abwechslung. Es gleicht für sie einer Strafe, allein und sozial isoliert arbeiten zu müssen. Das halten sie nicht lange durch, weshalb sich auch die wenigsten von ihnen für ein wissenschaftliches Studium entscheiden, bei dem sie allein über den Büchern hocken müssen – zumal sie mit theoretischen Gedankengebäuden wenig anfangen können. Alles, was abstrakt und auf die Zukunft gerichtet ist, ist ihre Sache nicht. Sie fangen vieles an, was ihnen momentan Spaß macht, sind aber zu sprunghaft, wankelmütig und inkonsequent, um es zu Ende zu bringen. Sobald der Spaß nachlässt, es anstrengend, frustrierend oder einfach nur langweilig wird, haben sie Schwierigkeiten, sich zu disziplinieren und die Zähne zusammenzubeißen.

Tipp: Trainieren Sie Ihre Frustrationstoleranz und üben Sie sich in Durchhaltevermögen, Disziplin und Bedürfnisaufschub. Bedenken Sie ganz gezielt die langfristigen Konsequenzen Ihres Handelns. Überlegen Sie sich persönliche Ziele: Was möchten Sie bis wann erreichen? Von diesem Ziel ausgehend, versuchen Sie einen Plan zu entwickeln, in dem jeder einzelne Schritt mit dem anvisierten Zeitpunkt aufgeführt ist. Um Ihre Motivation hochzuhalten, setzen Sie die Ziele so, dass Sie diese auch erreichen können.

Weil den Vergnügungsministern Zerstreuung und geselliges Beisammensein häufig wichtiger sind als ihre Aufgaben und Pflichten, bleibt die Arbeit oft liegen und stapelt sich. Je größer der Berg wird, umso mehr Überwindung kostet es sie, ihn abzuarbeiten. Erst wenn sich die Arbeit gar nicht mehr aufschieben lässt, erledigen die Vergnügungsminister sie unter enormem Druck, meist aus Frust und Zeitnot mehr schlecht als recht.

Tipp: Achten Sie auf eine gute Balance zwischen Arbeiten und geselligem Zusammensein. Versuchen Sie, sich mehr auf Planungen, Zeitabläufe und verbindliche Verabredungen einzulassen. Sie können das Leben sogar noch mehr genießen, wenn Sie die notwendige Arbeit befriedigend erledigt haben.

Vergnügungsminister haben Angst, etwas zu verpassen. Deshalb sind sie allzeit empfangsbereit und tun sich schwer, sich für etwas zu entscheiden. Denn wenn sie sich auf eine Sache festlegen, berauben sie sich womöglich einer noch schöneren Vergnügung und müssen zugleich Verantwortung übernehmen, was sie ohnehin scheuen. In der Folge besteht die Gefahr einer gewissen Oberflächlichkeit, die auch dadurch verstärkt wird, dass sie vieles anfangen, aber nur wenig beenden. So erlangen sie keine Könnerschaft – was sie auch selbst frustriert und sie von interessanteren Tätigkeiten fernhält.

Weil sie nirgendwo anecken und es allen recht machen wollen, scheuen Vergnügungsminister nicht nur die Verantwortung, sondern auch Konflikte. Sie setzen sich nicht gern mit Problemen auseinander und drücken sich davor, Probleme anzusprechen und aus der Welt zu räumen. Gerade in Teams ist aber nicht nur die Harmonie wichtig, sondern ein offener Austausch über bestehende Konflikte und Unstimmigkeiten ist unverzichtbar, wenn die gemeinsame Arbeit erfolgreich sein soll.

Tipp: Üben Sie, Ihre Sinne auch mal abzustellen und nicht jeder vergnüglichen Verlockung nachzugeben. Finden Sie für sich das rechte Maß dafür, was Sie als Arbeit und Aufgabe übernehmen wollen, und tragen Sie die Verantwortung dafür. Achten Sie dabei auch auf den Wissens- und Kompetenzerwerb, der sich erst nach einiger Zeit und mit einiger Routine einstellt. Er wird Sie mit Ihrer Arbeit zufriedener machen. Bedenken Sie auch, dass echte Harmonie nur entsteht, wenn sich jeder Einzelne und das Team mit seinen Problemen und Konflikten auseinandersetzt.

Wenn's eng wird: Vergnügungsminister im Stress

Bei Stress werden Vergnügungsminister eher pessimistisch. Sie verlieren ihre Leichtigkeit und ihre positive Grundstimmung. Sie machen sich Sorgen und nehmen die Rückmeldungen aus dem Umfeld eher zu persönlich. Da sie stark auf Beziehungen setzen, haben sie unter Umständen Angst, dass nahe Beziehungen in die Brüche gehen oder »angeknackst« werden. Sie werden jetzt übermäßig freundlich und dienen sich an, was aber nicht zu weniger Stress führt. Vielmehr fühlen sie sich zunehmend als »Opfer« der Umstände.

Anti-Stress-Tipps

- Treffen Sie sich mit vertrauten Menschen und reden Sie mit ihnen über Ihre Situation.

- Entwickeln Sie für den Ernstfall einen Plan: »Was tu ich, wenn …«.
- Verbringen Sie Zeit mit Freundinnen und Freunden.
- Betätigen Sie sich körperlich.
- Konzentrieren Sie sich auf Aktivitäten, bei denen Sie einen ganz konkreten positiven Beitrag für andere leisten können. Das gibt Ihnen Ihre Souveränität wieder zurück.

Wie Vergnügungsminister in Führung gehen

EKFLs pflegen einen partnerschaftlichen Führungsstil, der ihren Mitarbeiterinnen und Mitarbeitern einen möglichst großen Entscheidungsfreiraum lässt. Sie können andere gut motivieren, da sie ein sensibles Gespür für deren Bedürfnisse aufbringen. Durch ihre sympathische und partnerschaftliche Art fördern sie zudem eine gute Zusammenarbeit und das Bestreben jedes Mitarbeiters, seinen Teil der Arbeit zuverlässig zu erledigen. Da sie eher beziehungs- als aufgabenorientiert führen, sorgen sie für ein gutes Arbeitsklima, weil sie dies als Voraussetzung für eine effektive Zusammenarbeit ansehen.

Tipp: Vernachlässigen Sie nicht die inhaltliche Ebene der Führung. Lernen Sie Management-Tools wie ein gutes Handwerk. Setzen Sie sich und Ihren Mitarbeiterinnen und Mitarbeitern Ziele – und kontrollieren Sie diese auch. Nutzen Sie die starke Beziehungsebene, um Leistung einzufordern. Das bringt Sie, Ihre Mitarbeiterinnen und Mitarbeiter sowie das Unternehmen voran.

Small Talk bereitet Vergnügungsministern kein Problem. Sie bemühen sich außerordentlich um ihre Teamkollegen, auch die, die eher am Rande stehen, und binden diese geschickt ins Team mit ein. Manche Vergnügungsminister kennen die Geburtstage ihrer Mitarbeiter und sogar der Kundinnen. Sie sind immer zur Stelle, wenn es darum geht, kleine Aufmerksamkeiten zu verteilen. Auch persönliche Informationen ihrer Mitarbeiterinnen und Mitarbeiter speichern die Vergnügungsminister sicher ab.

Tipp: Lernen Sie, die Zeit für Arbeit und die Zeit für Geselligkeit besser zu trennen: »Bier ist Bier, und Schnaps ist Schnaps.« Tragen Sie auch die eher geselligen Termine im Kalender ein und versuchen Sie einen Ausgleich herzustellen.

So klappt es mit den Vergnügungsministern!

- Spontaneität und Abwechslung sind mir wichtig, deshalb liebe ich auch Überraschungen.
- Zählt darauf, dass ich in Krisensituationen Problemlösungen in letzter Minute liefere.
- Manchmal überrasche ich euch mit einer »verrückten« Idee. Ich freue mich, wenn ihr daran teilhaben wollt, wenn nicht, seid bitte nicht allzu kritisch und verderbt mir nicht den Spaß!
- Quält mich bitte nicht mit theoretischen oder abstrakten Abhandlungen. Mich interessiert, wozu etwas nützlich ist und wie es funktioniert.
- Ich teile mich gern mit und kann am besten laut nachdenken – auch wenn noch nicht alles spruchreif ist.
- Manchmal bin ich ein bisschen chaotisch oder unorganisiert. Wenn es drauf ankommt, könnt ihr aber auf mich zählen.
- Zwingt mich bitte nicht in allzu rigide Strukturen und feste Verpflichtungen. Ich fühle mich unwohl, wenn ich mich zu früh oder zu weitreichend festlegen muss.
- Ich bin zwar oft ein Spaßvogel, möchte aber trotzdem ernst genommen werden.

EKDL: die Krisenminister im Job

Die einzige Hoffnung für die Erde besteht darin,
dass es der Menschheit gelingt,
mehr Probleme zu lösen als auszulösen.
Henriette Hanke

E = extravertiert
K = konkret
D = DenkEntscheider
L = locker

EKDL
Krisenminister

Ein Leben auf der Überholspur ist ganz nach dem Geschmack der Krisenminister. Sie brauchen immer einen gewissen Nervenkitzel, um sich lebendig zu fühlen. Manchmal geht ihre Risikobereitschaft auch so weit, dass sie sich bewusst Gefahrensituationen aussetzen, um ja keine Langeweile aufkommen zu lassen. Denn Stillstand ist für sie unerträglich, lieber provozieren sie einen neuen Sturm, um wieder neue Erfahrungen zu sammeln und ihren unstillbaren Erlebnishunger zu füttern. Dafür halten sie ihre Sinne in permanenter Empfangsbereitschaft, um keinesfalls etwas zu verpassen. Jedes Detail speichern sie in ihrem hervorragenden Faktengedächtnis ab und sind immer einsatzbereit, wenn eine neue aufregende Unternehmung lockt. Diese genießen sie dann mit allen Sinnen – und suchen gleichzeitig schon die nächste Herausforderung, damit das Lebenstempo nicht nachlässt.

Dabei wollen Krisenminister nicht lange nachdenken und spekulieren, sondern handeln und ausprobieren, ob und wie etwas funktioniert. Wenn es schiefgehen sollte, kann man die Taktik immer noch ändern. Hauptsache, das Leben bleibt spannend und verspricht einen gewissen Nervenkitzel, sei es beim Extremsport oder bei riskanten beruflichen Vorhaben. Dabei setzen Krisenminister auch mal alles auf eine Karte und hoffen auf den Jackpot. Bleibt der aus und haben sie alles verloren, stehen sie eben wieder auf und beginnen von vorn. Jedenfalls sehen sie keinen Grund, dem Vergangenen lange nachzutrauern.

Ihre Begeisterung für alles Neue und Aufregende wirkt auch auf andere ansteckend, weshalb diese sich mitreißen lassen, wenn der Krisenminister neue Dinge anstoßen und Projekte auf den Weg bringen will. Als Unterstützer werden sie dann auch dringend gebraucht, wenn es um die Umsetzung und die Detailarbeiten geht. Das ist dem Krisenminister nämlich meist zu langweilig – er sucht ja bereits eine neue Herausforderung.

Krisenminister sind besonders freiheitsliebend und können es nicht ausstehen, wenn sie eingeengt oder in ihrer Unabhängigkeit beschnitten werden. Als Extravertierte sind sie gesellig und gern unter Menschen. Sie sind redselig und sagen offen und unverblümt ihre Meinung, was sehr unterhaltsam sein kann, aber auch anstrengend. Denn sie nehmen dabei kaum Rücksicht auf die Gefühle der anderen – sind allerdings auch umgekehrt nicht zimperlich, wenn andere ihnen die Meinung sagen. Mit ihrem Charme und Witz machen sie aber vieles wieder gut, weshalb die meisten Menschen trotzdem gern in ihrer Gesellschaft sind.

Krisenminister im Team

E = sorgen für Kommunikation im Team und nach außen
K = sichten die Fakten
D = analysieren kritisch
L = sind offen für neue Faktoren und sichern Flexibilität

Das liegt Krisenministern

Krisenminister lassen sich gern vom Leben überraschen, deshalb haben sie wenig mit Karriereplanung am Hut. Auf berufliche Sicherheit legen sie ohnehin wenig Wert, vielmehr entscheiden sie sich dann für einen Job oder eine neue Position, wenn sie sich davon Abwechslung, Herausforderung und Spaß versprechen. Es gibt für Krisenminister nichts Schlimmeres als Routine und geregelte Tagesabläufe. Deshalb eignen sie sich in jeder Hinsicht für Feuerwehrarbeiten, weil sie hier gefordert sind, spontan zu reagieren und praktisch zu arbeiten. Da können sie zeigen, dass sie Situationen blitzschnell und sehr genau erfassen und mit kühlem Kopf pragmatisch und flexibel handeln können. Es liegt ihnen, das Beste aus jeder noch so verfahrenen Situation herauszuholen.

Da sie gern sehen wollen, was sie gearbeitet haben, suchen sich Krisenminister häufig praktische Berufe im Handwerk, sind aber oft auch technisch begabt. Ohnehin suchen sie die Abwechslung und Herausforderung, weshalb sie während ihres Berufslebens meist mit vielen verschiedenen Jobs Erfahrungen sammeln. Da sie nicht selten Schwierigkeiten mit Vorgesetzten haben, wählen viele Krisenminister die Selbstständigkeit, um so unabhängig wie möglich zu sein. Außerdem scheuen sie auch das unternehmerische Risiko nicht.

Das liegt Krisenministern weniger

Manchmal unterschätzen die Krisenminister die Risiken und auch die vielen unterschiedlichen Faktoren, die zu einer Selbstständigkeit dazugehören. Dann können gerade die ungeliebten Detailarbeiten, die sie zu lange vor sich herschieben, den Erfolg des Unternehmens verhindern.

Krisenminister können sich auch in sinnlichen Erlebnissen und Extremsituationen verlieren und genießen dann nur noch den Spaß, den sie haben, ohne zu bedenken, welche Folgen das für sie selbst und für andere haben kann. Sie riskieren dann alles und setzen sich auch über die Grenzen anderer hinweg, die mehr Sicherheit und Planung brauchen oder nicht so gute Nerven haben wie sie.

Tipp: Versuchen Sie, die Gefühle anderer nicht zu übersehen und berücksichtigen Sie die Auswirkung Ihres Handelns. Binden Sie die Kolleginnen und Kollegen frühzeitig in Ihre Absichten ein. Klären Sie die Folgen des Handelns und was Sie stützend für die anderen tun können.

Krisenminister überschätzen sich manchmal und blenden Warnungen und vorgegebene Grenzen gern aus. Obwohl sie Risiken und Gefahren sehen können, reizen sie diese gern aus. Da kann es auch passieren, dass sie die Kontrolle verlieren und scheitern. Auch wenn das für den Krisenminister selbst kein großes Problem ist, sehen das viele Kolleginnen und Kollegen sicher anders und halten ihn dann für unzuverlässig und leichtsinnig.

Tipp: Vermeiden Sie unbedingt Schnellschüsse. Lernen Sie, mit einfachen Planungstools andere Personen mit einzubinden und die weiterreichenden Konsequenzen zu berücksichtigen. Bitten Sie Organisierte im Team, Sie dabei zu unterstützen. Auch wenn Ihnen das gegen den Strich geht, sichert es doch langfristig einen stabileren Erfolg im Team, vor allem, wenn weitere Personen vom Ausgang eines Projekts betroffen sind.

Krisenminister sagen offen und ehrlich, was sie denken und was sie stört. Das kann durchaus wohltuend sein, manchmal ist es aber auch einfach nur taktlos, weil nicht jeder das dicke Fell eines EKDL hat.

Tipp: Trainieren Sie Ihr Einfühlungsvermögen – auch sich selbst gegenüber. Auch Sie sind verletzlich, wenn Sie einmal genau hinsehen. Achten Sie mehr auf Ihre verwundbare Seite. Gewöhnen Sie sich an, jeder Kritik (auch im Kopf) eine Wertschätzung voranzuschicken. Holen Sie sich zu diesem Thema ab und zu ein Feedback aus dem Team.

Wenn's eng wird: Krisenminister im Stress

Bei leichtem Stress beginnt sich die gute Laune des Krisenministers zu verflüchtigen. Zweifel machen sich breit. Er befürchtet, dass andere ihn für unfähig halten und meinen könnten, er habe etwas falsch gemacht. Das Wesen des Krisenministers ändert sich: Er wird penibel, präzise und will die Dinge auf den Punkt bringen.

Bei starkem Stress verliert er an Souveränität, und die Bereitschaft zu Schnellschüssen lässt nach. Bei anhaltendem Stress zieht sich der Krisenminister zurück, wird melancholisch und still.

Anti-Stress-Tipps

- Nehmen Sie Abstand zur Arbeit und entwickeln Sie unmittelbar für sich vernünftige und durchdachte Aktivitäten.
- Treffen Sie sich mit Freundinnen und Freunden und besprechen Sie Ihre persönliche Situation. Bitten Sie sie um ein Feedback. Das hilft und bringt mehr Realität in die eigene Wahrnehmung.
- Treiben Sie aktiv Sport (wenn möglich bis zur Erschöpfung), am besten Teamsport.
- Tun Sie sich kulinarisch etwas Gutes: Achten Sie auf gutes Essen in angenehmer, vertrauter und geselliger Umgebung.

Wie Krisenminister in Führung gehen

Krisenminister haben einen pragmatischen und toleranten Führungsstil. Ihren Mitarbeiterinnen und Mitarbeitern gewähren sie viel Handlungsfreiheit, solange ihr Weg zum vereinbarten Ziel führt. Dieses geben sie unmissverständlich vor. Diskussionen und Verhandlungen über das Für und Wider verschiedener Möglichkeiten schätzen sie nicht, lieber ist es ihnen im Zweifelsfall, mehrere Wege auszuprobieren, um den richtigen herauszufinden. Als Vorgesetzte wie als Mitarbeiter schätzen es die Krisenminister, wenn die anstehenden Aufgaben möglichst effizient und pragmatisch abgearbeitet werden.

Tipp: Üben Sie Ihr Einfühlungsvermögen wie oben beschrieben. Arbeiten Sie an Ihrer Selbstwahrnehmung, damit Sie anderen nicht auf die Füße treten. Checken Sie ab, ob der andere in dieser Situation Ihre ungefilterten Aussagen annehmen kann. Versuchen Sie immer wieder, die Welt mit den Augen des anderen zu sehen.

Krisenminister-Chefinnen und -Chefs verbringen einen Großteil ihrer Arbeit im Gespräch mit anderen. Überraschende Telefonanrufe oder unerwarteten Besuch sehen sie eher als Gelegenheit, ihren Informationsstand zu erhöhen, denn als Störung. In der Führungsposition sind sie umsetzungsstark und handlungsorientiert, mit Liebe zum Detail. In Krisensituationen gehen sie bereitwillig in Führung, denn hier wissen sie genau, ja intuitiv, was getan werden muss. Das ist ihre Welt. Sie neigen dann aber auch dazu, autoritär zu werden und zu erwarten, dass ihre Anweisungen sofort und ohne Widerspruch befolgt werden. Ansonsten können sie ziemlich ungehalten werden.

Tipp: Nicht alles ist eine Krise! Überprüfen Sie sorgfältig und mit Vernunft, welche Schritte als nächste getan werden müssen. Auch Ihr starker Drang zu handeln kann eine Krise herbeiführen.

So klappt es mit den Krisenministern!

- Ich schätze es, wenn ich möglichst wenige Termine und Verpflichtungen habe. Da ich sehr spontan bin, möchte ich mich nicht zu früh festlegen müssen. Je mehr ihr mich drängt, desto widerspenstiger werde ich.
- Lasst mir bitte meinen Freiraum! Ich brauche eine gewisse Unabhängigkeit und mache auch mal gern mein Ding.

- Stört euch nicht an meinem Chaos, ich behalte trotzdem den Überblick.
- Ich bin gesellig und liebe Teamaktivitäten. Ich freue mich, wenn ihr alle mitmacht!
- Sagt mir offen und direkt, wenn euch etwas stört. Mich haut so leicht nichts um, und ich bin auch nicht nachtragend.
- Auseinandersetzungen gehe ich nicht aus dem Weg, sondern finde, dass sie dazugehören. Sie können uns weiterbringen.
- Ich meine es nicht böse, wenn ich euch kritisiere, sondern will nur auf Fehler aufmerksam machen. Dabei bin ich leider nicht immer taktvoll.

IKDL: die Freiheitsminister im Job

Wer die Freiheit aufgibt, um Sicherheit zu gewinnen,
wird am Ende beides verlieren.
Benjamin Franklin

I = introvertiert
K = konkret
D = DenkEntscheider
L = locker

IKDL
Freiheitsminister

Ihre persönliche Unabhängigkeit ist ihnen geradezu heilig, deshalb gibt es für Freiheitsminister nichts Schlimmeres, als eingeengt oder gar bevormundet zu werden. Sie wollen das tun, worauf sie gerade Lust haben, ohne sich dabei von jemandem reinreden zu lassen. Das hängen die introvertierten Freiheitsminister allerdings nicht unbedingt an die große Glocke, sondern machen einfach »ihr Ding«. Und wenn ihnen jemand Vorschriften machen will oder sie Regeln befolgen sollen, die sie nicht einsehen, ignorieren sie diese einfach.

Ihr Fakten- und Erfahrungswissen navigiert sie sicher durchs Leben. Von Gefühlen lassen sie sich lieber nicht ablenken, sondern verlassen sich auf das, was fassbar ist. Deshalb reagieren sie schnell, sind Menschen der Tat und in kritischen Situationen nicht so schnell überfordert, sondern handlungsfähig. Als Verstandesmenschen bringt sie so schnell nichts aus der Fassung – es sei denn, ihre höchsten Werte »Freiheit und Gerechtigkeit« werden verletzt. Ansonsten bleiben sie auch in stürmischen Zeiten nüchtern und sachlich. Im handwerklichen und technischen Bereich lösen sie Probleme oft mit großem Geschick. Im Zwischenmenschlichen fehlt ihnen dieses Geschick oft, weil sie keine feinen Antennen haben und anderen schnell mal auf die Füße treten. Denn mit ihrer direkten Art sprechen sie Themen und Kritik so an, dass sie manche Menschen damit – ungewollt – kränken.

Je nach Lust und Laune treibt es die IKDLs zu spontanen Handlungen. Weil sie sich nicht gern festlegen, halten sie sich immer ein Türchen offen, um etwas zu tun, was Nervenkitzel verspricht. Sie scheuen dabei das Risiko nicht und fordern das Schicksal auch mal heraus. Durch die tägliche Dosis Spannung fühlen sie sich lebendig. Sie sind eher unordentlich und halten sich selten an zeitliche Vorgaben. Doch selbst wenn sie nach außen manchmal chaotisch und verplant wirken, sind Freiheitsminister im Inneren sehr gut organisiert.

Freiheitsminister im Team

I = erfassen die Komplexität der Aufgabe
K = sichten die Fakten
D = analysieren kritisch
L = sind offen für neue Faktoren und sichern Flexibilität

Das liegt Freiheitsministern

Freiheitsminister sind Macher, keine Theoretiker. Sie lieben das Gefühl, etwas konkret zu bewirken. Sie reden nicht lange, sondern handeln lieber. Alles, was logisch-praktisches Geschick erfordert, ist ihr Ding. Deshalb findet man sie häufig in Berufen, in denen sie Werkzeuge und Maschinen bedienen können: als Handwerkerin, Arzt oder Pilotin.

Ihre Geschicklichkeit und Präzision prädestiniert sie auch für Detailarbeiten. Oft sind sie leidenschaftliche Tüftler, die tagelang an einer Lösung arbeiten, bis das Problem geknackt ist. Solche Herausforderungen lieben die Freiheitsminister auch deshalb, weil sie für Abwechslung sorgen, denn IKDLs verabscheuen Routinetätigkeiten.

In kritischen Situationen oder wenn anderweitig schnell gehandelt und entschieden werden muss, bewahren die Freiheitsminister einen kühlen Kopf. Sie treffen ihre Entscheidungen nüchtern und rational, indem sie eine Situation sachlich analysieren und die Pros und Contras abwägen – aber nicht lange debattieren. Freiheitsminister interessiert der praktische Nutzen von theoretischem Wissen. Und dieser Nutzen sollte greifbar sein, nicht in weiter Ferne liegen und keine eiserne Disziplin erfordern, denn an der fehlt es ihnen.

Freiheitsminister brauchen viel Freiraum bei der Arbeit. Ein möglichst großer Handlungs- und Entscheidungsspielraum und ein Minimum an Regeln und Zwängen bieten die besten Voraussetzungen, damit der IKDL seine Arbeit zufrieden und erfolgreich erledigen kann. In hierarchischen Strukturen und Systemen fühlen sich die Freiheitsminister eingeengt und lassen es oft auch an Respekt für Vorgesetzte fehlen – es sei denn, diese beeindrucken sie durch Kompetenz.

Das liegt Freiheitsministern weniger

Da es ihnen an Einfühlungsvermögen fehlt und sie keinen großen Wert auf lange Gespräche mit ihren Mitmenschen legen, findet man Freiheitsminister nur selten in sozialen Berufen. Auch wenn sie sich festlegen sollen, tun sich Freiheitsminister schwer. Lieber agieren sie flexibel und spontan, damit sie sich nicht in ihrem Freiheitsdrang eingeengt fühlen. Darüber sollten sie unbedingt reflektieren und sich vor Augen halten, dass sie innerhalb der Zusammenarbeit auch für freie Entscheidungen sorgen können und deshalb nicht die ganze Kooperation über Bord werfen müssen. Auch ihr Bedürfnis nach Zurückgezogenheit kann im Team für Irritationen sorgen, wenn es als Mangel an Zuneigung oder sogar als persönliche Abneigung interpretiert wird. Hier hilft der Hinweis, dass dies seiner Introversion geschuldet ist. Dafür müsste der Freiheitsminister jedoch das tun, was ihm wenig liegt, nämlich den Mund aufmachen und darüber reden.

Tipp: Sprechen Sie Ihr Bedürfnis nach Einzelarbeit und Bearbeitungsruhe an. Regen Sie an, im Team Regeln für die Zusammenarbeit zu erarbeiten. Legen Sie den Rahmen dafür gemeinsam fest und treten Sie dabei für Ihre Interessen und Ihre »Freiheitsliebe« ein – sofern es möglich ist. Verschaffen Sie sich dadurch einen gesunden, mit den anderen abgestimmten Freiraum innerhalb der Arbeit.

Freiheitsminister reagieren manchmal etwas barsch und unsensibel, wodurch sich andere oft zurückgewiesen fühlen. Ihre Kritik äußern sie normalerweise nicht mit Fingerspitzengefühl, sondern offen und direkt. Sie entschuldigen das damit, dass sie ja eigentlich noch viel mehr zu beanstanden hätten, was sie aber nicht äußern. Außerdem sind sie selbst der Meinung, dass ihre Kritik sachlich und konstruktiv wäre. Dass sie damit andere kränken, kommt ihnen nicht in den Sinn, denn dazu müssten sie auch zu ihren eigenen Gefühlen einen besseren Zugang bekommen. Sie denken aber nicht gern über sich und ihre Gefühle nach. Ein feinfühligerer Umgang mit Kolleginnen und Mitarbeitern würde aber nicht nur für ein besseres Arbeitsklima sorgen, sondern auch für eine erfolgreichere Arbeit.

Tipp: Nehmen Sie sich bewusst Zeit für Selbstreflexion und Selbstmitgefühl. Üben Sie sich in Achtsamkeit gegenüber Ihren eigenen Gefühlen und Empfindungen. Fragen Sie sich: »Wie fühle ich mich jetzt?« und »Warum fühle ich mich so?« Fällt Ihnen das schwer, besuchen Sie ein Achtsamkeitsseminar. Durch achtsames Spüren und Reflektieren lernen Sie sich selbst besser kennen und haben dann auch mehr Zugang zu den Gefühlen ihrer Mitmenschen. Denn auch Empathie kann man lernen.

Ihre Spontaneität und ihr Tatendrang verursachen nicht selten Chaos im Leben und im Umfeld der Freiheitsminister. Ihr Zeitmanagement versagt, sie kommen zu spät, halten Abgabetermine nicht ein und verzetteln sich. Das führt nicht nur zu Stress, sondern auch zu Konflikten mit dem Team und Vorgesetzten.

Tipp: Gewöhnen Sie sich an, kurz innezuhalten und nachzudenken, bevor Sie ein Projekt zusagen. Es könnte Ihnen sehr helfen, wenn Sie sich »nötigsten«, Tages- und Wochenpläne aufzustellen. Hierdurch würden Sie weniger spontan und impulsiv handeln, sondern müssten vorher über den Zeitaufwand nachdenken, was zu einer realistischeren Planung führen würde.

Wenn's eng wird: Freiheitsminister im Stress

Bei leichtem Stress konzentriert sich der Freiheitsminister stark auf den gegenwärtigen Augenblick und die vor ihm liegenden Fakten. Er isoliert sich zunehmend von der Außenwelt. Wenn es eng wird, versucht er unablässig und verbissen, das vor ihm liegende Problem zu lösen.

Freiheitsminister unter Stress halten an (aktuell) scheinbar unlösbaren Problemen fest und verbeißen sich darin. In dieser Phase steht ihre »Freiheit« auf dem Spiel, weshalb sie sehr emotional werden können, was sonst nicht ihre Sache ist. Sie nehmen Kritik dann schnell persönlich, reagieren darauf äußerst gereizt und impulsiv. Neben (lautstarkem) Ärger machen sich oft auch Niedergeschlagenheit und Frustration breit. In dieser Verfassung kann sich der Freiheitsminister selbst nicht ausstehen.

Anti-Stress-Tipps

- Nehmen Sie Abstand von der Arbeit und treiben Sie Sport – am besten eine Sportart, die sie ordentlich herausfordert.
- Nehmen Sie sich Zeit zum Loslassen. Akzeptieren Sie die Tatsache, dass man als Mensch verwundbar ist und dann meist nicht mehr objektiv genug sein kann.

- Suchen Sie sich einen privaten Schutzraum und nutzen Sie Tools für einen »Realitätscheck«.
- Sprechen Sie mit einer vertrauten Person über Ihre Gefühle. Das hilft Ihnen aus Ihrer Isolation in die Realität zurück.

Wie Freiheitsminister in Führung gehen

Auch in ihrem Führungsstil bleiben sich Freiheitsminister treu: Sie lassen ihren Mitarbeiterinnen und Mitarbeiter viel Freiheit und machen wenig Vorschriften, wie diese ihre Arbeit erledigen sollen. Freiheitsminister übernehmen gern Führungspositionen, denn sie scheuen weder die Verantwortung noch notwendige Entscheidungen. Auch einem höheren Verdienst sind sie nicht abgeneigt. Als Führungskräfte im Leadership haben sie auch keine Probleme, Aufgaben zu delegieren und sind froh, wenn sie sich um Organisatorisches wenig selbst kümmern müssen. Sind sie mit den Arbeitsergebnissen ihres Teams jedoch nicht zufrieden, sprechen sie offen und oft auch unsensibel an, was sie stört und was sie erwarten. Mit kritischen Äußerungen sind sie nicht zimperlich.

Tipp: Entwickeln Sie Sensibilität für die Bedürfnisse Ihrer Mitarbeiterinnen und Mitarbeiter und erwerben Sie Kompetenzen, um die Beziehungsebene mitzugestalten. Denken Sie gründlich über die langfristigen Auswirkungen Ihrer aktuellen Handlungen nach. Dinge können sachlich-logisch richtig sein, aber psycho-logisch unliebsame und ungewollte Wirkungen entfalten.

Freiheitsminister fördern bei ihren Mitarbeiterinnen und Mitarbeitern die Unabhängigkeit und fordern diese auch bei ihren eigenen Vorgesetzten ein. Ihr Fokus liegt auf den Ergebnissen, wogegen die Beziehungsebene oft in den Hintergrund gerät. Sie lösen gern Probleme und bleiben auch in kritischen Situationen gelassen, was ihnen Souveränität verschafft.

Tipp: Lernen Sie sich zu öffnen und sich verbal mitzuteilen, so dass andere nicht so sehr von Ihren Handlungen überrascht werden und sich auf die Ziele einstellen können. Binden Sie die Abstrakten (A) mehr ein.

So klappt es mit den Freiheitsministern!

- Es fällt mir schwer, über Gefühle zu sprechen. Habt bitte bei emotionalen Themen im Team etwas Geduld mit mir.
- Mich interessiert, wozu etwas nützlich ist und wie man es praktisch anwenden kann. Theoretische Abhandlungen sind nicht mein Ding.
- Ich tüftle gern an etwas, das mein Interesse geweckt hat, und kann nicht eher davon lassen, als bis es funktioniert. Bitte gebt mir dafür Zeit.
- Kontrolle und enge Zeitpläne sind mir zuwider. Ich brauche meine Unabhängigkeit. Wenn ich nicht genügend Freiraum habe, entwickle ich Fluchtimpulse.
- Bitte sprecht an, was euch wichtig ist, damit ich darauf eingehen kann. Ich kann nicht gut erraten, was in euch vorgeht und was euch stört.
- Ich weiß, dass ich manchmal sehr direkt bin und andere mit meiner Kritik verletzen kann. Das liegt nicht in meiner Absicht, sondern ist meiner Spontaneität geschuldet und dem Wunsch, euch zu unterstützen und etwas zu verbessern.

Die 16 Typen im Überblick

IADL Theorieminister	**EADL** Zukunftsminister
IADO Strategieminister	**EADO** Kompetenzminister
IAFL Tugendminister	**EAFL** Ideenminister
EAFO Beziehungsminister	**IAFO** Erkenntnisminister
IKFO Harmonieminister	**EKFO** Sozialminister
IKDO Präzisionsminister	**EKDO** Planungsminister
IKFL Toleranzminister	**EKFL** Vergnügungsminister
IKDL Freiheitsminister	**EKDL** Krisenminister

Anhang

Ein Trainingstag für ein Team-Coaching

Wer andere kennt, ist klug.
Wer sich selbst kennt, ist weise.
Laotse

»So bin ich eben! im Job« enthält für jeden Einzelnen viele Anregungen, um im Job erfolgreich zu sein. Die Typenlehre eröffnet aber auch Unternehmen die Möglichkeit, ihre Teams so zusammenzustellen, dass jeder typengerecht arbeiten kann und die Zusammenarbeit dadurch erheblich erfolgreicher wird. Dafür lohnt es sich, einen Trainingstag für ein Team-Coaching zu veranstalten

Mit diesem Team-Coaching kann sich die Teamkultur erheblich verbessern, weil die Teilnehmenden mehr Empathie und Verständnis für sich und für die Andersartigkeit der anderen entwickeln. So lässt sich die Zusammenarbeit innerhalb des Teams optimieren, und aus einem verständnislosen Gegeneinander kann ein Miteinander, ja sogar ein Füreinander entstehen.

Sie werden Schritt für Schritt erfahren, wie Sie ein völlig neues Team zusammenstellen oder ein bestehendes Team weiterentwickeln und zu einem Hochleistungsteam reifen lassen können. Dafür braucht es jeden Einzelnen mit seiner individuellen Persönlichkeit. Ja – Sie haben richtig gelesen: Hier »braucht« der eine den anderen. Und genau das wollen wir an diesem Team-Tag erzeugen, an dem es nicht nur darum geht, Neues zu sehen, sondern vor allem auch darum, neu zu sehen.

Wir haben für Sie einen Trainingstag für ein Team-Coaching zusammengestellt, das Sie als professioneller Coach oder auch als engagierter Verantwortlicher innerhalb Ihrer Abteilung oder Ihres Teams durchführen können. Man kann den Trainingstag auch als Team gemeinsam durchführen, indem jedes Teammitglied einen Teil der Aufgaben übernimmt, moderiert und anleitet. Und selbstverständlich können Sie sich auch Übungen aus dem Trainingstag herauspicken und diese isoliert anwenden oder in ein von Ihnen konzipiertes Training integrieren. Ebenso können Sie die Übungen in Teammeetings einbauen.

Den folgenden Trainingsplan haben wir hinsichtlich des zeitlichen Rahmens von einem Tag für eine Gruppe von 15 bis 20 Teilnehmenden konzipiert. Die Trainingseinheiten haben wir im Trainingsplan durchnummeriert. Die entsprechenden Erklärungen der Übungen finden Sie dann weiter unten.

Viel Erfolg!

Der Trainingsplan

Uhrzeit	Thema/Übung	Benötigtes Material/ Wer macht was?
9.00–9.10	**1. Begrüßung**: **Ich und die anderen: Der Unterschied macht's!**	
9.10–9.40	**2. Kennenlernübung**	
9.40–10.30	**3. Kurzvortrag: Einführung in die vier Dimensionen der Typenlehre**	Moderationskarten in vier Farben
10.30–10.45	Kaffeepause	
10.45–11.45	**4. Übung: Die vier Dimensionen erfahren**	Ein Gegenstand, z. B. Apfel
11.45–12.30	**5. Übung: Teamgegenüberstellung**	Kreppband
12.30–13.30	Mittagspause	
13.30–14.00	**6. Kurzvortrag: Einführung in die vier Kernpersönlichkeiten**	Powerpoint und Handouts
14.00–15.00	**7. Übung: Die vier Kernpersönlichkeiten in unserem Team**	Vier Flipcharts (-blätter) und Klebeband
15.00–15.15	Kaffeepause	
15.15–16.00	**8. Übung: Unser Ministertypenhaus**	Flipchart
16.00–17.00	**9. Übung: So bin ich eben! Stärken und Hürden meines Typs**	
17.00–18.00	**10. Feedback und Austausch über den Tag (mit Zeitpuffer)**	Karteikarten

1. Begrüßung: Ich und die anderen: Der Unterschied macht's!

Der Trainer sollte in einem kurzen Vortrag auf den Gewinn der Typenlehre im Unternehmen eingehen. Während er über die Typisierung spricht, kann er anmerken: »Manche sind ja total gegen Typisierungen. Das ist doch Schubladendenken! Schlimm!«, und hierbei die Arme in einer bockigen Geste überkreuzen (folgende Abbildung wäre sinnvoll: Typ, der demonstrativ die Arme überkreuzt hat). Der Trainer fordert die Teilnehmenden auf, dasselbe zu tun, also die Arme zu überkreuzen. Danach bittet er die Teilnehmenden, die Arme umgekehrt zu überkreuzen, also wenn sie erst den linken Arm oben und den rechten unten hatten, nun den rechten Arm nach oben und den linken nach unten zu legen. Die Teilnehmenden werden überrascht feststellen, dass das total ungewohnt ist, ja sich sogar etwas komisch anfühlt. An dieser kleinen Erfahrung kann der Trainer deutlich machen, dass jeder Mensch Präferenzen hat, Dinge in gewohnter Weise zu tun.

Hier sollte der Bezug zu den Präferenzen in der Typenlehre hergestellt werden. Was dabei sehr deutlich wird: Jeder schafft die Übung mit dem Überkreuzen der Arme auch anders, als er es gewöhnlich tut. Jeder kann beides. Aber die eine Variante fühlt sich stimmig und die andere weniger stimmig an, deshalb präferiert jeder die für ihn stimmigere Art, etwas zu tun. Dies kann der Trainer kurz auch am Beispiel der Extra- und Introversion erläutern. Auf die anderen drei Dimensionen muss er hier noch nicht näher eingehen, es reicht der Verweis darauf.

Der Gewinn, den die Typenlehre bereithält, sollte in einer kurz gehaltenen Einführung erwähnt werden, nämlich:

1. Man lernt sich selbst besser kennen und kann somit sein Potenzial und auch seinen Entwicklungsbedarf noch genauer einschätzen.

2. Man gewinnt an Menschenkenntnis und versteht plötzlich, wie andere Menschen ticken.
3. Diese Menschenkenntnis führt zu mehr Toleranz. Man versteht plötzlich, dass der andere es gar nicht böse meint, sondern einfach nur anders »gestrickt« ist, anders »tickt«. Diese Toleranz kann zu wesentlich reibungsloseren Abläufen im Team führen.
4. Man kann das Potenzial des Teams besser nutzen, indem jeder seinen »typengerechten« Beitrag leistet, der ihm liegt und »locker von der Hand geht«.

Tipp: Gehen Sie teilnehmerorientiert und empathisch auf die Belange der Teilnehmenden ein. Sollte jemand der Typenlehre skeptisch oder ablehnend gegenüberstehen, erinnern Sie ihn daran, dass der Tag noch vor Ihnen liegt. Ermutigen Sie den Teilnehmenden, offen für neue Erfahrungen zu bleiben, denn es würden noch viele Übungen und Beispiele kommen, wo es sich lohnt, darüber ins Gespräch zu kommen.

2. Kennenlernübung

Die Kennenlernübung kann sowohl in Gruppen durchgeführt werden, deren Mitglieder sich bereits kennen, als auch in neuen Gruppen. Der Fokus wird bei dieser Übung auf die Vorlieben und Abneigungen der Teilnehmenden im Arbeitskontext gelegt. Diese Übung dient als Einführung in die Thematik der Präferenzen. Hierbei sollte die Trainerin für eine offene Atmosphäre sorgen, damit die Teilnehmenden sich auch öffnen für die Frage, was ihnen bei der Arbeit eher Mühe macht. Konkret bedeutet dies, dass die Trainerin klarmacht, dass es hier *nicht* um die Offenlegung vermeintlicher Inkompetenzen geht, sondern darum, dass einem per Gen, also per Präferenz, manche Dinge mehr beziehungsweise weniger liegen. Nehmen Sie, falls nötig, noch mal Bezug zur vorherigen Übung

(Arme verschränken) oder bringen Sie das Beispiel von Rechts- und Linkshändern.

Die Trainerin gibt mit ihrer eigenen Vorstellung ein gutes Beispiel ab: »Mein Name ist Sonja Meißen, ich bin Coach und Trainerin. Ich liebe an meiner Arbeit, viel mit Menschen zusammen zu sein und deren Potenzial zu fördern. Viel Spaß macht mir auch, mir für meine Trainings immer wieder neue Konzepte auszudenken. Was mir hingegen weniger liegt, ist die detaillierte Erstellung der Agenda und das Gestalten von Flipcharts und Arbeitsunterlagen. Das ist für mich häufig eine eher langweilige Fummelei.«

Folgende Leitfragen sind für die Vorstellungsrunde sinnvoll:

1. Name und welche Aufgabe bzw. Funktion hat der Teilnehmende im Unternehmen/Team?
2. Was macht er/sie besonders gern?
3. Was bereitet ihm/ihr Mühe, was findet er/sie lästig?

Tipp: Achten Sie als Trainerin in dieser Runde darauf, dass alle ausreichend zu Wort kommen und niemand durch Kommentare der anderen bei der Vorstellung der eigenen Person beeinträchtigt wird. Erinnern Sie die Teilnehmenden an die je eigene Wahrnehmungskompetenz, und dass es heute nicht darum geht, »Neues« zu sehen, sondern »neu« und mit erhöhter Aufmerksamkeit die Kolleginnen und Kollegen wahrzunehmen.

3. Kurzvortrag: Einführung in die vier Dimensionen der Typenlehre

Der Trainer erklärt die vier Dimensionen der Typenlehre anhand einer Präsentation und mit Beispielen. Gehen Sie in derselben Reihenfolge wie im Buch vor. Eine Auswahl:

 **Extraversion – E** Steht für Außenorientierung: Zieht es vor, seine Energie aus der Außenwelt zu ziehen. Beziehung zur Außenwelt (Menschen und Dinge) bringt Kraft.	 **Introversion – I** Steht für Innenorientierung: Zieht es vor, seine Energie aus der Innenwelt zu ziehen. Beziehung zur Innenwelt (Gedanken und Ideen) bringt Kraft.
Menschen mit einer Präferenz für Extraversion: • beschäftigen sich gern mit der Außenwelt, • betrachten andere Menschen und Gespräche als Quelle der Inspiration, • sind leichter kennenzulernen, • fühlen sich einsam, wenn sie nicht mit anderen zusammen sind, • suchen Interaktion und Kooperation, • geben dem Leben Buntheit und Farbe.	Menschen mit einer Präferenz für Introversion: • beschäftigen sich bevorzugt mit der Innenwelt, • betrachten Alleinsein und Rückzug als Quelle der Inspiration, • sind etwas schwerer kennenzulernen, • bevorzugen Privatsphäre und eher Einzelarbeit, • entwickeln ihre Ideen, indem sie in sich gehen und nachdenken, • geben dem Leben Tiefe.

Konkret (K)	Abstrakt (A)
»Konkret« bedeutet: stärkere Beschäftigung mit bekannten Fakten und konkreten Dingen als mit der Suche nach Möglichkeiten und Zusammenhängen.	»Abstrakt« bedeutet: eher Möglichkeiten und Zusammenhängen nachzuspüren, als sich mit bekannten Fakten (Zahlen, Daten) zu beschäftigen.
Menschen mit einer Präferenz für Konkret: • nehmen ihre Umwelt hauptsächlich über ihre fünf Sinne wahr, • betrachten die Welt vor allem von der praktischen Seite, • fordern Tatsachen, vertrauen Fakten und können sich Daten gut einprägen, • vertrauen ihren gemachten Erfahrungen, • sind realistisch und leben in der Gegenwart, • nehmen Einzelheiten genau wahr.	Menschen mit einer Präferenz für Abstrakt: • betrachten die Welt aus einer idealistischen Perspektive, • richten den Blick auf komplexe Zusammenhänge, überfliegen sie und sehen die Verbindungen und zugrundeliegenden Muster, • vertrauen ihren Ahnungen, • sind zukunftsorientiert, betonen Sinn und Vision, lieben Veränderungen, • mögen Metaphern, bildhafte Darstellungen und blicken auf »das Ganze«.

DenkEntscheider (D) DenkEntscheider entscheiden eher aufgrund einer sachlichen Analyse und Objektivität als aufgrund persönlicher Wertvorstellungen.	**FühlEntscheider (F)** FühlEntscheider entscheiden eher aufgrund von Wertvorstellungen und unter Einbeziehung der Auswirkung der Entscheidung als aufgrund einer sachlichen Analyse.
Menschen mit einer Präferenz für DenkEntscheider: • treffen Entscheidungen, die auf objektiven, logischen und sachlichen Überlegungen basieren, • entscheiden mit dem Kopf, • suchen nach der Wahrheit, • haben eine Stärke im Bereich der Analyse, • zeigen ihre Gefühlsregungen nicht offen.	Menschen mit einer Präferenz für FühlEntscheider: • treffen Entscheidungen, die auf persönlichen Überlegungen und Wertvorstellungen basieren, • entscheiden mit dem »Bauch«, • legen viel Wert auf Beziehungen und Harmonie, • haben eine Stärke in der Beziehungsgestaltung, • tragen ihr Herz auf der Zunge, sprechen Gefühle eher an.

Organisiert (O) Organisierte lieben eine planvolle, entschiedene und geregelte Lebens- und Arbeitsweise und ziehen diese einer flexiblen und spontanen Lebensweise vor.	**Locker (L)** Lockere lieben eine flexible und spontane Lebens- und Arbeitsweise und ziehen diese einer planvollen und geregelten Lebensweise vor.
Menschen mit einer Präferenz für organisiert: • bringen Arbeit gern und schnell zu Ende, • arbeiten gern nach festen Strukturen und Terminen, • mögen das Gefühl, eine Arbeit abgeschlossen zu haben, • betrachten eine Sache als erledigt, wenn eine Entscheidung getroffen wurde, • arbeiten zuerst und können sich erst dann eine richtige Pause gönnen, • sind stark am Ergebnis orientiert.	Menschen mit einer Präferenz für locker: • haben ein Bedürfnis nach Offenheit, • ziehen es vor, viele Entscheidungsmöglichkeiten zu haben, • anstehende Entscheidungen erzeugen eher Druck, • entscheiden sich erst, wenn alle Infos vorliegen, • betrachten festgesetzte Termine lediglich als Richtlinien, • sind eher am Prozess orientiert.

Die Teilnehmenden bekommen pro Dimension eine Karteikarte DIN A5, auf der können sie für sich Stichwörter notieren und auf einer selbst skizzierten Dimension ihre Ausprägung pro Dimension einschätzen. Hier das Muster für die 1. Dimension:

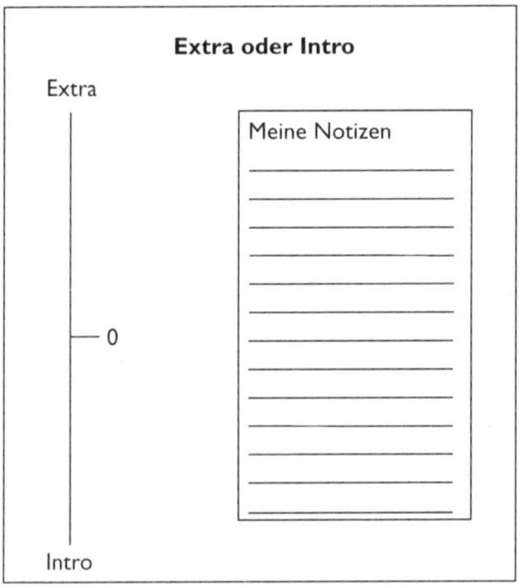

Nach der Erläuterung aller vier Dimensionen hat jeder Teilnehmende für sich pro Dimension zu einer Selbsteinschätzung gefunden und der persönliche Ministertyp steht fest. Falls Teilnehmende Schwierigkeiten haben, sich auf einer Dimension einzuschätzen, kann das Team – sofern sich die Mitglieder schon länger kennen – Hilfestellung leisten, indem es Fremdeinschätzungen abgibt. Natürlich kann der Trainer hier auch Hilfestellung geben. Im Übrigen kann man auch darauf verweisen, das weitere Training abzuwarten, in dem Vertrauen darauf, dass sich die Selbsteinschätzung dann noch präzisiert. Alternativ oder im Anschluss an diese Übung kann auch der Persönlichkeitstest mit den Teilnehmenden durchgeführt werden, indem man diesen auf einer Folie präsentiert und mit den Teilnehmenden durchgeht. Die Auswertung der einzelnen Fragen kann ebenfalls moderiert werden. Eine andere Möglichkeit ist auch,

Testfragen pro Dimension anzuhängen. Also auf die Vorstellung der Dimension Extra/Intro erfolgen die sieben Testfragen, die dieser Dimension zuzuordnen sind, samt deren Auswertung. Entsprechend verfährt man mit den anderen Dimensionen. Weitere Infos zu Testfolien bzw. Testfragen finden Sie auf unter www.teamtypen.de und auf Seite 240.

Tipp: Binden Sie die Teilnehmenden in hohem Maße in die Darstellung der Dimensionen mit ein. Fragen Sie nach Beispielen. Lassen Sie die Teilnehmenden von ihren Erfahrungen im Unternehmen und anderswo berichten. Jedes Beispiel erhöht die Wirksamkeit und das Verständnis über die eigene Ausprägung der Dimensionen.

4. Übung:
Die vier Dimensionen erfahren

Bei dieser Übung sollen die Teilnehmenden die Dimensionen noch tiefer in ihrer Bedeutung für das Arbeits- und Alltagsleben begreifen. Hierfür werden die Dimensionen nacheinander in kleinen Übungen durchgearbeitet.

Extra- und introvertiert
Die Extras und Intros gehen jeweils in eine Gruppe und arbeiten einen Impuls aus zu der folgenden Frage:

In welcher Arbeitsumgebung sind wir am produktivsten versus welches Arbeitsumfeld stresst uns?

Nach zehn Minuten Gruppenarbeit werden die Ergebnisse von der jeweiligen Gruppe vorgestellt. Achten Sie dabei nicht nur darauf, was präsentiert wird, sondern auch wie die Präsentation abgehalten wird.

Konkret und abstrakt

Den Teilnehmenden wird ein Apfel oder ein anderer Gegenstand (Kaffeetasse, Glas Wasser etc.) gezeigt, und sie werden gebeten, eine Beschreibung desselben kurz aufzuschreiben (in der Großgruppe). Verwenden Sie hierfür Gegenstände, die einerseits gut aussehen und andererseits etwas zum Nachdenken anregen können.

Nach ein paar Minuten bitten Sie die Teilnehmenden, ihre Beschreibungen vorzulesen, und erarbeiten mit ihnen die Aspekte in Bezug auf die Dimensionen »konkret und abstrakt« am Flipchart. Eine typisch konkrete Beschreibung wäre zum Beispiel eine, die sich an den konkreten Fakten eines Apfels orientiert: rund, grün-rot, Stängel noch dran, links unten eine Delle etc. Eine typisch abstrakte Beschreibung könnte lauten: Apfel der Versuchung, wächst in Deutschland, Nahrung, Apfelkuchen, Paradies, süß oder sauer etc.

Denk- und FühlEntscheider

Teilen Sie die Gruppe in Denk- und FühlEntscheider auf. Beide Gruppen diskutieren jeweils die Fragen:

- Was sind unsere Stärken im Team und in der Arbeit (respektive als Fühl- oder DenkEntscheider)?
- Was sind unsere Herausforderungen (respektive als Fühl- oder DenkEntscheider)?

Lassen Sie die Gruppen etwa zehn Minuten darüber sprechen. Anschließend werden die Ergebnisse in der Großgruppe vorgestellt und sich darüber ausgetauscht.

Locker und organisiert

Teilen Sie die Teilnehmenden in Lockere und Organisierte auf. Beide Gruppen bearbeiten in einer Art »Rollenübung« einen Impuls und fertigen dazu ein Flipchart an, jeweils vor den Augen der anderen Gruppe. Den Impuls geben Sie spontan vor. Dieser Impuls kann auf einer Moderationskarte stehen und wird der Gruppe kurzfristig gezeigt. Die Gruppe hat keine Vorbereitungszeit, sondern beginnt sofort nach Kenntnis des Impulses innerhalb von fünf Minuten, ein Flipchart dazu zu erstellen. Die Bearbeitung erfolgt spontan, vor den Augen der jeweils anderen Gruppe (Rollenübung). Dabei sollten erst die Lockeren vor den Augen der Organisierten in die Übungsaufgabe und dann in die Präsentation gehen. Anschließend kommen die Organisierten dran. Nachdem beide Gruppen fertig sind, lassen Sie die Teilnehmenden beschreiben, was sie alles durch das Beobachten der je anderen Gruppe wahrgenommen haben. Der Austausch darüber erfolgt im Gesamtteam.

Impulse zur Bearbeitung (vor den Augen der anderen) sind z. B.:

- Erstellen Sie gemeinsam eine Präsentation auf einem Flipchart zum Thema: »Das ideale Wochenende« (Lockere).
- Erstellen Sie gemeinsam eine Präsentation auf einem Flipchart zum Thema: »Ein idealer Arbeitstag« (Organisierte).

Tipp: Achten Sie darauf, dass während und nach jeder Übung, in der die Dimensionen erfahrbar gemacht werden, keine Wertungen über die Ausprägungen erfolgen. Stellen Sie die Wahrnehmung immer wieder in den Vordergrund und wiederholen Sie als Trainer die Verhaltenspräferenzen jeder Dimension. Dabei ist eine hohe Wachsamkeit erforderlich, denn die Teilnehmenden kippen leicht in die Bewertung oder Beurteilung.

5. Übung: Team-Gegenüberstellung

Diese Übung hat den Zweck, die Dynamik innerhalb des Teams noch einmal genau zu verstehen. Oder, wenn es sich nicht um ein geschlossenes Team handelt, noch ein besseres Selbst- und Fremdverständnis für die unterschiedlichen Typen zu gewinnen.

Kleben Sie mit einem Kreppband einen langen Klebestreifen auf den Boden des Raumes und markieren Sie in der Mitte des Bandes den Nullpunkt. An den zwei Enden des Streifens wird einmal Extra- und einmal Introversion markiert. Das geschieht am einfachsten durch eine Moderationskarte, auf der die Dimension geschrieben steht, die auf das jeweilige Ende des Klebestreifens gelegt wird. Die Teilnehmenden werden gebeten, sich entlang des Streifens gemäß ihrer Ausprägung aufzustellen. Wenn sich jemand beispielsweise als »schwach extravertiert« einstuft, dann stellt er sich auf der extravertierten Seite des Streifens nahe an den Nullpunkt – entsprechend bei starker Ausprägung weit vom Nullpunkt weg.

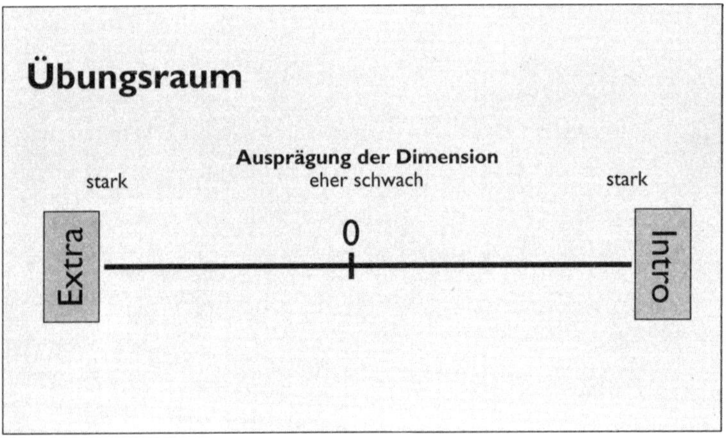

Nun bitten Sie die intro- und extravertierten Gruppen, sich darüber auszutauschen, was diese Aufteilung für die Gruppendynamik und die Zusammenarbeit im Team bedeutet. Folgende Fragen können zur Inspiration vorgegeben werden:

- Woran merken Sie, dass Sie in der Teamarbeit extravertiert/introvertiert sind?
- Wie erleben Sie die »Gegenseite« (also die andere Ausprägung)? Auswirkungen schildern lassen!
- Was schätzen Sie besonders an der »so ganz anderen Seite«? Was nervt Sie an den »so ganz anderen«?
- Wo liegen unsere eigenen Stärken/Schwächen im Team?

- Welche Umsetzungsschritte finden wir, damit die Kooperation (noch) besser wird? (Hier ist es von Vorteil, wenn der Trainer die Antworten auf ein Flipchart mitnotiert.)

Alle weiteren Dimensionen werden auf dieselbe Weise durchgearbeitet.

Wahlweise kann man sich auf weniger Dimensionen beschränken, die für das Team aber eine besondere Rolle spielen, zum Beispiel weil sich viele interne Konflikte auf der Denk-/Fühlebene oder auf der Locker/Organisiertebene abspielen. Diese kann man vorher in der Gruppe abfragen, falls man als externer Trainer in das Team kommt.

Tipp: Gehen Sie hier als Trainer bzw. Trainerin auch auf aufkommende Themen/Problematiken der Gruppen ein. Heben Sie die Themen/Problematiken, die im Vordergrund stehen, hervor und schreiben Sie diese auf ein Flipchart (Themensammlung). Es geht nicht darum, die Themen während der Übung zu klären, sondern diese sichtbar zu machen und hervorzuheben. Erst im Anschluss (falls noch Zeit dafür übrig ist) oder in einem weiteren Arbeitstreffen (Termin vereinbaren) können Sie beraterisch die Themen/Problematiken mit der Gruppe bearbeiten.

6. Kurzvortrag: Einführung in die vier Kernpersönlichkeiten

Anhand von Powerpoint oder Flipchart sollte von der Trainerin eine Einführung in die vier Kernpersönlichkeiten gegeben werden. Bei diesem Input sollte herausgearbeitet werden, dass die vier Kernpersönlichkeiten ganz unterschiedliche Funktionen im Team übernehmen können. Folgende Kernpersönlichkeiten gibt es:

- die Strategen (sind auf Theorie ausgerichtet),
- die Idealisten (suchen nach einzigartiger Identität),

- die Traditionalisten (streben nach Verantwortung und Berechenbarkeit),
- die Experimentierer (orientieren sich nach Tätigkeit und Wirkung).

Tipp: Achten Sie hier als Trainerin ebenfalls auf die Nichtbewertung der einzelnen Kernpersönlichkeiten. Es gibt kein Gut oder Schlecht. Aufgrund der Prozesszyklen einer Organisation (»Life Cycle of an Institution«) ist die eine oder andere Kernpersönlichkeit an einer bestimmten Stelle im Lebenszyklus einer Organisation praktischer oder unpraktischer. Alle vier Kernpersönlichkeiten sind generell aber wertvoll im Leben einer Organisation.

7. Übung:
Die vier Kernpersönlichkeiten in unserem Team

Um herauszufinden, wie die Kernpersönlichkeiten im Team verteilt sind, legen Sie als Trainerin in die vier Ecken des Raums je ein Flipchart-Papier mit der Aufschrift:
AD – Strategen
AF – Idealisten
KO – Traditionalisten
KL – Experimentierer
Bitten Sie die Teilnehmenden, sich aufgrund des eigenen Profiltyps zu den Plakaten zu stellen, und geben Sie den folgenden Impuls zum Bearbeiten – sie haben 20 Minuten Zeit – in die Kleingruppen:

> Sammeln Sie fünf Wesenszüge der eigenen Kernpersönlichkeit und stellen Sie anschließend in einer kleinen Präsentation die Kernpersönlichkeit den anderen Teilnehmenden vor. Eine Gruppe nach der anderen.

Tauschen Sie sich mit den Teilnehmenden aus. Anschließend gehen alle wieder in die Kleingruppen und besprechen und bearbeiten den folgenden weiteren Impuls:

Wie würden Sie die anderen Kernpersönlichkeiten **überzeugen**, an einem Projekt teilzunehmen? Worauf müssen Sie bei welcher Kernpersönlichkeit achten? Und warum?

Stellen Sie im Anschluss die Ergebnisse und Erkenntnisse vor und tauschen Sie sich darüber wieder gemeinsam aus. Folgende Reflexionsfragen sind nützlich:

- Welche Erkenntnisse haben Sie aus dieser Übung gewonnen?
- Wie sind die Kernpersönlichkeiten im Team verteilt?
- Wie schätzen Sie die Verteilung im gesamten Unternehmen?
- Welche Folgen und Auswirkungen hat diese Verteilung auf das Unternehmen?
- An welcher Stelle im Prozess bzw. Lebenszyklus eines Unternehmens/Projektes ist welche Kernpersönlichkeit besonders wertvoll und warum?

Tipp: Gehen Sie in eine straffe Moderation. Hier ist die Gefahr der Verzettelung innerhalb der Gruppe hoch. Das kostet eventuell zu viel Zeit. Fassen Sie die Beiträge der Teilnehmenden gut zusammen und sichern Sie die Ergebnisse auf einem Flipchart.

8. Übung:
Unser Ministertypenhaus

Diese einfache Übung hat den Zweck, dass das Team über die Zusammensetzung im Hinblick auf die jeweiligen Ministertypen reflektiert und hieraus das etwaige Entwicklungspotenzial ableitet. Im Gesamtbild der Ministertypen im Ministertypenhaus können einige Aha-Effekte erzielt, klug interpretiert und durch Gegensteuerungsmaßnahmen aufgehalten und korrigiert werden. Zur Vorbereitung dieser Übung zeichnen Sie bitte die folgende Abbildung vom Ministertypenhaus auf ein Flipchart.

So bin ich eben: Ministertypen im Team

Wie oft kommt der Ministertyp vor?

IKDO	IKFO	IAFO	IADO
IKDL	IKFL	IAFL	IADL
EKDL	EKFL	EAFL	EADL
EKDO	EKFO	EAFO	EADO

Danach bitten Sie die Teilnehmenden, ihren je eigenen Ministertyp in das Raster des Hauses einzutragen. Jeder schreibt also seinen Namen in das Ministertypenhaus. Im Anschluss stellen sich die Teilnehmenden vor das Haus und reflektieren das Ergebnis:

- Welche Verteilung der Ministertypen haben wir in unserem Team?
- Was heißt das für unser Team? Welche Auswirkungen hat das?
- Welcher Minister ist nicht vertreten? Welche Auswirkung hat das, und wie wirken wir dem entgegen? Wie können wir das Fehlen ausgleichen?
- Welcher Ministertyp ist unser Chef?
- Welchen Ministertyp brauchen wir bei einer Neuanstellung? Warum?

Im Anschluss an diese Übung fragen Sie die Teilnehmenden:

- Was können wir tun, um die Kooperation zu optimieren?
- Welche Anregungen für eine praktische Zusammenarbeit gibt es?

Als Trainer moderieren Sie den Austausch in der Gruppe und halten die Ergebnisse auf einer To-do-Liste (Flipchart oder Moderationswand) fest. Alternativ können Sie die Gruppe in Kleingruppen aufteilen mit der Aufgabe:

- Finden Sie eine (1) Maßnahme für die zukünftige Kooperation im Team!
- Was können wir verbessern, und welche einzelnen Schritte führen zu dieser Verbesserung?

Jede Gruppe hat 30 Minuten Zeit, um das Optimierungspotenzial aufzuschreiben. Anschließend erfolgt die Präsentation der Umsetzungsschritte und die Festlegung: Wer macht was bis wann? Wer kontrolliert?

Tipp: Achten Sie als Trainer darauf, dass es nicht zu viele Umsetzungsschritte sind. Eine einzige Maßnahme pro Kleingruppe reicht, insgesamt sind es dann bei 15 Teilnehmenden drei Maßnahmen. Diese umzusetzen ist viel!

9. Übung:
So bin ich eben! Stärken und Hürden meines Typs

Am Ende des inhaltlichen Teils des Workshops geht es bewusst nochmal um die Stärken und Hürden der je eigenen Teilnehmer-Persönlichkeiten. Nach all den Übungen und im Austausch mit den Kolleginnen und Kollegen ist es zweckmäßig und egostabilisierend, wenn jeder Teilnehmende folgende Impulse in Form einer Einzelarbeit (drei Minuten) vertieft:

- Meine Stärke in Teamarbeit ist es …
- Meine Hürde in der Teamarbeit liegt in …
- Ich nehme mir bis zum (Datum) Folgendes vor: …

Im Anschluss lassen Sie die Teilnehmenden reihum präsentieren: je eine Stärke und eine Hürde sowie das gewünschte Erleben in der Zukunft. Alternative: Lassen Sie Partnerschaften bilden. Je zwei

Teilnehmende gehen zusammen und besprechen die Ergebnisse aus der Einzelarbeit.

Tipp: Achten Sie als Trainer darauf, dass das gewünschte Verhalten beschrieben wird. Nicht das Problem! Wo nötig, unterstützen Sie in der Formulierung des eigenen gewünschten Verhaltens in der Zukunft.

10. Feedback und Austausch über den Tag

Um die Erfahrungen des Teamtages zu sichern, gehen Sie mit der Gruppe in eine Reflexionsrunde. Schreiben Sie folgende Impulse auf ein Flipchart:

- Meine Erkenntnis über das Team?
- Was habe ich heute über mich gelernt?
- Was mache ich ab morgen anders?

Nehmen sie einen kleinen Gegenstand, z. B. einen Tennisball, und werfen Sie als Trainer den Ball dem ersten Teilnehmenden zu. Dieser beantwortet die Impulse und wirft im Anschluss den Ball an einen anderen Kollegen, der als Nächster die Impulse beantworten soll etc. Am Ende schließen Sie als Trainer die Reflexionsrunde ab.

Tipp: Am Ende ist es wertvoll, noch einmal den Anfang (vom Workshop) zu betonen: Der Unterschied macht's! Werben Sie für den Respekt vor der Andersartigkeit des anderen. Erinnern Sie an das gute Stück Arbeit von Beginn um 9 Uhr bis jetzt um 18 Uhr. Erfolg ist das, was folgt. Aber zuerst kommt die Hinwendung zur Arbeit.

Literaturverzeichnis

Attems, R., Heimel, F., *Typologie des Managers. Wie Manager Wirklichkeit wahrnehmen und Entscheidungen treffen*, 1991.

Baron, R., *What Type Am I? Discover who you really are*, 1998.

Bents, R., Blank, R., *M.B.T.I. Eine dynamische Persönlichkeitstypologie*, 1992.

Berens, L. V., Nardi, D., *The 16 Personality Types. Description for Self-Discovery*, 1998.

Berens, L. et al., *Quick Guide to the 16 Personality Types. Understanding Personality Differences in the Workplace*, 2002.

Bernreiter, C., Lummer, F., *Worauf es ankommt. Anleitung für gelingende Gespräche*, 2018.

Blank, R., Bents, R., *Typisch Mensch – Einführung in die Typentheorie*, 2004.

Briggs, K., Myers, I. et al., *An Introduction to Type. A Guide to Understanding your Results on the Myers-Briggs Type Indicator: European English Version*, 2000.

Briggs, K., Myers, I., *Gifts differing: Understanding Personality Type*, 1995.

Bridges, W., *Der Charakter von Organisationen*, 1998.

Jung, C. G., *Typologie*, 2001.

Keirsey, D., *Portraits of Temperament*, 1998.

Keirsey, D., Bates, M., *Please understand me. Character and Temperament-Types*, 1984.

Keirsey, D., *Please understand me II: Temperament, Character, Intelligence*, 1998.

Krebs Hirsh, S., Kummerow, J., *Introduction to Type in Organizational Settings*, 1987.

Krebs Hirsh, S., Kummerow, J., *Life Types. Understand yourself and make the most of who you are*, 1989.

Kroeger, O. et al., *Type Talk. The 16 Personality Types that determine how we live, love and work*, 1988.

Kroeger, O. et al., *Type Talk at Work: How the 16 Personality Types determine your Success on the Job*, 1988.

Kroeger, O., Thuesen, J., *16 Ways to love your Lover: Understanding the 16 Personality Types so you can create a Love that lasts forever*, 1994.

Löhken, Sylvia, *Intros und Extros*, 2014.

Myers, K., Kirby, L., *Introduction to Type Dynamics and Development*, 1994.

Nardi, D., *Character and Personality Type, Discovering your uniqueness for Career and Relationship Success*, 1998.

Pearman, R., Albritton, S., *I'm not crazy. I'm just not you, 1997.*

Provost, J. A., Work, Play and Type, 1980.

Sharp, D., *Personality Type: Jung's Model of Typology*, 1987.

Schwarz Wennig, S., *Optimal Health through Personality Profiling*, 1999.

Schröder, J. P., Blank, R., *Stress-Management – Stress-Situationen erkennen – erfolgreiche Maßnahmen einleiten*, 2011.

Stahl, Stefanie, *So bin ich eben! Erkenne dich selbst und andere*, 2005.

Tieger, P. D., Barron-Tieger, B., *Do what you are: Discover the perfect career for you through the Secrets of Personality Type*, 1995.

Tieger, P. D., Barron-Tieger, B., *Nurture by Nature: Understand your Child's Personality Type – and become a better Parent*, 1997.

Wildenmann, B., *Professionell führen. Empowerment für Manager, die mit weniger Mitarbeitern mehr leisten müssen*, 2000.

Register

ei kailash

eutschlands ychotherapeutin

ISBN: 978-3-424-63201-9

ISBN: 978-3-424-63199-9

ISBN: 978-3-424-63200-2

ISBN: 978-3-424-63202-6

ISBN: 978-3-424-63203-3